让我感谢你，赠我一空欢喜

曲行衣

WORKS 作品

U0944243

文匯出版社

图书在版编目（CIP）数据

让我感谢你，赠我空欢喜 ：与情感闺蜜张小娴分享心中爱与幸福 / 曲行衣著. —上海 ：文汇出版社，2014.7

ISBN 978-7-5496-1227-7

Ⅰ. ①让… Ⅱ. ①曲… Ⅲ. ①张小娴-人生哲学 Ⅳ. ①B821

中国版本图书馆CIP数据核字（2014）第152436号

让我感谢你，赠我空欢喜：与情感闺蜜张小娴分享心中爱与幸福

出 版 人 / 桂国强
作　　者 / 曲行衣
责任编辑 / 戴　铮
封面装帧 / Edge_Design
出版发行 / 文匯出版社
上海市威海路755号
（邮政编码200041）
经　　销 / 全国新华书店
印刷装订 / 北京凯达印务有限公司
版　　次 / 2014年10月第1版
印　　次 / 2019年1月第2次印刷
开　　本 / 880×1230　1/32
字　　数 / 163千字
印　　张 / 8

ISBN 978-7-5496-1227-7
定　价：32.00元

虽然这一生这一世不可能圆满，
甚至最后一切也会成空，
但我这辈子有过你。
我有过你，
有过你的欢喜、微笑和哭泣。
让我感谢你，赠我空欢喜。

有一天，当我们可以微笑地转身，就会明白，
一个不爱你的人，绝不会比你的生命更重要。

目录

Part 1
你是不是也曾义无反顾地爱过一个人

你有没有意识到，其实你认定的爱，并没有你想象中那么爱，很爱很爱也并非真相。当前一段爱情成为过往，我们融入到一段新的爱情的时候，才会发现，原来从前的自己并没有想象中那么爱那一个人。

Part 2

那些得不到的美好，看起来好浪漫

有时候，是你准备好了，他没有准备好；有时候，他准备好了，而你却没有准备好；等你们都准备好了，却发现原来你们不能在一起了。

Part 3
我们总是在不懂爱的时候，遇见爱情

欢天喜地的爱上了一个人，花尽一切的心思来打扮自己，身上一切，看似不经意，却是苦心经营，希望他快乐。

Part 4

所有的患得患失，都是因为爱

女人到底想要什么？答案还不简单吗？
无论她看起来想要什么，她想要的终归只有两样东西：
很多的爱和很多的安全感。

Part 5
把这个难题交给我，你只要幸福就好了

我们像两个活在童话世界里的人，只要脚尖碰触不到地，一切好像都不是真实的，他也好像不是真实的。但看到他的笑脸，痛苦也好像变轻了。至少，世上还有一个男人，愿意陪我玩旋转木马。

Part 6

最深最重的爱，必须和时日一起成长

张小娴说，一个城市里，对爱情的悲伤看得最多的，是出租车司机。“无论是大早上上班的时刻，还是加班回家的深夜，总有孤独的女子，挥手叫一辆的士，立刻钻进车厢，一动不动的望着窗外，连目的地都忘了说。”

序：
致那些事与愿违的爱情

在心底暗自许下许多美好，关于你关于未来，可现实世界里，我们终是走散了。

在最初失去你的那段日子，感觉自己的世界像是坍塌了，天空是暗的，心情是暗的，连周围的人看起来都像是暗的。不喝水，不吃饭，不睡觉，时间突然多了很多，可是除了想你还是想你，要怎么做才能让自己快乐点，我想象不到更好的方法。那些情绪像四月的雨，绵绵的，无归期。

后来，好像找到了一种解药，想起你时不再那么难过。当爱的人离开，留下的那个人，要好好的。所以，试着用你的方式讨好自己，饿了会自己填饱自己的胃，生病了会自己喝药水，过马路时会左右张望。

最后，我终于学会了用你的方式对自己好，也终于明白无论怎样的爱情，都应是欢喜的，爱上时值得欢喜，离去时也值得欢喜。

半杯暖

让我感谢你，赠我空欢喜。
让爱而不得、假装很好，
却又心有不甘的女人，
放过自己。

Part 1

你是不是也曾义无反顾地爱过一个人

你有没有意识到，
其实你认定的爱，
并没有你想象中那么爱，
很爱很爱也并非真相。
当前一段爱情成为过往，
我们融入到一段新的爱情的时候，
才会发现，
原来从前的自己并没有想象中
那么爱那一个人。

其实你认定的爱，
并没有想象中那么爱

在情爱的世界里，从来没有相同的痛苦和相同的快乐，上帝既仁慈也残忍，痛苦和快乐，都会随着岁月变得愈来愈轻盈，不像从前那么重要了。

——节选自张小娴《永不永不说再见》

分手的时候，我们都以为自己很爱很爱某人。

因为自从他离开以后，曾经熟悉的一个场景回放、一个类似他的背影、一首曾经一起听过的情歌都会让你泪如雨下，心中涌起一股揪心的痛。

因为痛苦，所以，你认定自己很爱很爱他，而他的离去让你痛苦到不能自抑。

他决然离开的时候，你强迫自己删掉他的QQ、他的MSN、他的电话，处理掉他之前送给你的所有礼物，删掉所有关于他的照片，消除掉所有他留下的痕迹……但是，即使是这样，你还是忘不了他，他的名字、他的星座甚至成了你生活中的敏感词，一旦被提及，你

便打起十二分的精神关注着。

因为难以忘怀，所以你确认自己很爱很爱他。

但是，这是真的吗？你真的有自己以为的那么爱对方吗？

张小娴曾说过这样一个关于“一双袜子的爱”故事：V曾经很痛恨男朋友离开她，后来有一天，她忽然想起自己跟他在一起一年多以来，只是在他生日的时候送过一双袜子给他。她吝啬到这个地步，怎能说是爱他？可怜那个男人当天还给她掴了一巴掌。

你有没有意识到，其实你认定的爱，并没有你想象中那么爱，很爱很爱也并非真相。当前一段爱情成为过往，我们融入到一段新的爱情的时候，才会发现，原来从前的自己并没有想象中那么爱那一个人。

为什么我们会一厢情愿地觉得自己很爱某人？张小娴给出的答案是：也许是因为他首先不爱我吧。他首先不爱我，我便觉得我太爱他，为他付出太多。分手的时候，哭得死去活来，深觉自己被对方辜负了。许多年后，我们自问：“我爱他么？”一点儿也不爱，甚至说不上是爱。

这么看来，所谓的爱，不过是为了塑造一个深情的自己、一种被爱的可能。而心中的痛苦与悲伤也不过是为了哀悼失去了获得美好爱情的可能，也许你怕的不是失去了那个他，而是一种被爱的感觉。你痛苦伤心的，也不过是两个人分开之后，你怕没人陪你聊天儿、逛街、陪你吃饭玩乐了。你痛苦害怕的是，尝过了幸福甜蜜的滋味后再来回归孤单，这样的自己更无法忍受寂寞的滋味。

所以，新的感情来了，旧的悲伤便随之被忘却了。

张德芬曾说过这样一句话：**我们会有这样的遭遇，是因为我们需要这样的遭遇而产生的情绪。痛苦、悲伤还是快乐、幸福，其实都是我们自主选择的一种生活方式而已。只要我们真正想忘记，真心想摆脱痛苦、忘掉悲伤，时间会给我们这种自愈的能力的。**“痛苦和快乐，都会随着岁月变得愈来愈轻盈，不像从前那么重要了。”

都说幸福是短暂的，那理所当然的，痛苦也不会长久！时间可以改变一切，也能冲淡一切痛苦和悲伤，我相信这句话，也相信时间的力量。过去的时间久了，我们自然就可以忘记曾经所有的伤痛。当有一天，新的美好爱情再次闯入你的生活的时候，你会舍得忘记、甘愿放下曾经的痛苦悲伤，去抓取新的幸福。

多留给自己一点儿时间和空间，总有一天，你会发现，原来你并没有你所以为地那么爱那个人，痛苦和悲伤也没有你曾经以为地那么长久。

总有一个人
会陪我们到老

不到最后一刻，千万别放弃。最后得到好东西，不是幸运，有时候，必须有前面的苦心经营，才有后面的偶然相遇。

——节选自张小娴《思念里的流浪狗》

“你相信有永远的爱吗？”

“我相信。”

“你拥有过吗？”

“还没有。”

“那你为什么相信？”

“相信的话，会比较幸福。”

好一句“相信的话，会比较幸福”，人一生最幸福的事莫过于在对的时间里遇见对的人，正因为如此，**每个人的内心深处，都住着一个等爱的小孩。**

无论是谁，都希望自己的爱情能像张爱玲说的那样，于千万人之中遇见你所遇见的人，于千万年之中，时间的无涯的荒野里，没有早一步，也没有晚一步，刚巧赶上了，那也没有别的话可说，唯有轻轻地问一声："噢，你也在这里吗？"

但是，爱情不是你想让它降临，它就会降临的。张小娴说："成熟的感情都需要付出时间去等待它的果实。"遗憾的是，大多数的人都欠缺耐心。这一点，张小娴也看得最透——有谁会用十年的时间去等一个远行的人。有谁会在十年的远行之后，依然想回头找到那个人。**有些爱情因为太急于要得到它的功利，无法被证明，于是也就得不到成立。**

"你说等待，是一生中最初的苍老。"林志炫一句悲伤到底的歌词，可以说道出了等待的不易。这世上有太多难以预测的变故和身不由己的离合。有时候，一个转身，也许就是一辈子的错过。

所以，人们才说爱情经不起太长的等待，爱人经不起太久的折磨，爱如此，被爱同样如此。世间无数凄美或无奈的故事，说的似乎都是关于坚持和等待的故事。

我们每一个人都希望能在对的时间遇到对的人。但上帝往往就爱开人玩笑。很多时候，我们不是在对的时间遇见错的人，就是在错的时间遇到对的人。都说爱情是一种遇见，没有预期，也许下一秒下一个转角处就能遇见了你爱的人。

在对的时间，遇见对的人，这无疑是幸福的。但是在对的时间，遇见错的人，那给人带来就只是悲伤；假如是在错的时间遇见对的人，换来的似乎只有一声叹息；如果是在错的时间遇见错的人，那就真的更是一种无奈了。遇到自己不喜欢的人，说什么都觉得多余。

其实，走过这么一段人生旅程，不是不曾心动，也不是没有可能，只是多数时候有缘无分，情深缘浅，爱出现在不对的时间、地点。

为了遇见那个对的人，即使身边的朋友双双对对，我们也要抱守着宁缺毋滥的心思开始漫长地等待；为了等来那个对的人，即使爱情还没来，我们也要相信，这个世界上，总有一个人在某处等你。不在这里，不是彼时，便会在那里，是彼时……

在等待中，我们会遇见一些自己喜欢的或喜欢自己的人，有时候，他们会让我们感到迷茫，不知道现在遇见的那个人是不是就是自己要等的那一个人。

不过，我相信，只要我们用真心去对待每一个人，最终我们一定会遇见一个能给自己带来幸福的人，我们虽然不能确定他什么时候能够到来，以何种方式到来，但只要我们执着地等待，总有一人会给我们安心的幸福，总有一个人会陪我们到老……

所以，再等等，好吗?

不是所有的爱情都刚刚好

如果我不爱你，我就不会思念你，我就不会妒忌你身边的异性，我也不会失去自信心和斗志，我更不会痛苦。如果我能够不爱你，那该多好。

——节选自张小娴《荷包里的单人床》

在这个世界里，有男人和女人的地方就会有爱情。有爱情的地方，就会有思念。

当一个人喜欢上另一个人的时候，思念就像是自己的影子，从此形影不离了。我们会在平淡的日子里思念曾经一个出其不意的吻，思念他（她）精心安排的一个感动瞬间，思念曾经在一起的点点滴滴……

张小娴说："如果我不爱你，我就不会思念你，我就不会妒忌你身边的异性，我也不会失去自信心和斗志，我更不会痛苦。"

时时思念，这恰恰说明了我还爱着你。

思念是够苦的，因为心中有所思念，情绪里便种满了惆怅、孤独的种子，相隔两地的牵挂和担忧，化作莫名的感伤时不时地流露出来。遥不可及的思念使得相思更泛起了一阵阵苦涩。

但是除了思念，其他的一切都像是徒劳。

于是，思念一发不可收拾，它就像一种无法摆脱的病一样执着。**我们明明知道思念的痛和孤独，也不愿意摆脱思念的情绪。**

这真的就像是一种病，魂牵梦绕，最终把自己陷入了一种无法医治的痛中。

可这样的痛是如此地真实，可以触摸。也正因为这样，我们才真真切切地感受到了爱的存在，所以我们甘之如饴。

张小娴的《荷包里的单人床》讲的就是一个关于思念和暗恋的故事。女主角苏盈苦苦地暗恋着秦云生。在最后，秦云生虽然接受了苏盈，但他心里思念的，是一个永远都不会回来的女人。秦云生的等待是一种漫长的等待，他的思念也是没有期限。活着的苏盈怎么努力也没法分散秦云生对逝去情人的思念之情。

由此可见，对思念来说，死亡比爱更霸道，因为这时候的思念会被无限地放大、强化。即便是一首简单的情诗、一件很普通的感动小事、一个再平凡不过的人，但这些在记忆中永存了，化作了思念，便会变得比原本更好……

我们总是被思念折磨得无法抽身，这是爱的属性；我们也没有办法不去思念那个人，这是爱的本能。

所以狗不会变瘦，因为它不会思念。而人会瘦，因为他（她）心中思念着某一个人。

深入思念的痛苦旋涡，谁也帮不到我们。唯一能帮到我们的，只有自己。

其实，思念本身是件很美好的事情，给爱情平添了一份惆怅悠远的意境。但思念一个人的时候，我们不一定要听到他的声音。如果听到了他的声音，爱情也许就是另一番模样了。

因为想象中的一切，往往比现实要美好一些。你苦苦思念的那个人，可能也要比现实显得温暖一点儿。思念看起来好像很遥远，有时候给人的感觉却要比现实更亲近一点儿。

事实上，被人思念，要远比思念别人活得快乐。所以，我们不如努力做那个被人思念的人吧。

爱从来就是一件
百转千回的事情

世上最遥远的距离，不是生与死的距离，不是天各一方，而是我就站在你面前，你却不知道我爱你。

——节选自张小娴《荷包里的单人床》

暗恋，无疑是一种伟大的力量。它的伟大在于成全，你不爱“我”，没关系，“我”成全你。而且多数时候还会以一种朋友的方式默默地爱着你——

当别人欺负你的时候，“我”会挺身而出为你打抱不平；

当你遇到烦心事儿的时候，“我”会静静地陪在你身边；

如果你跟女朋友吵架了，甚至是分手了，“我”也一直会待在你身边陪伴你，安慰你……

但是你却永远也不会知道，当你跟“我”说起你和女朋友之间的美好甜蜜时，“我”的内心是多么地痛苦。

而“我”只能将自己的那份情深深地掩埋在内心深处，丝毫也不敢让你觉察出来，因为怕自己一旦说出来了，或者让你觉察到了，到最后两个人连朋友都做不成。

因为不想失去“好朋友”的陪伴，不像失去和对方在一起的资格，于是暗恋的这一方便紧紧掩藏着自己的那份心意，不敢越雷池半步。

张小娴说，暗恋的职责是沉默。她列举了很多条沉默的理由。比如说，不知道怎么向对方开口；说不出自己有什么好处，而对方的好处却有很多很多；或者是对方身边已经有了一个美好的存在，而这样的美好我们不忍破坏；也有可能是害怕遭到拒绝——“你很好，可是……”这样的“可是”真的让人难以承受；或者是因为身为好朋友的“我”害怕从此失去一个知己，却又无法确保自己能得到一个情人。

而对我来说，之所以会在一段感情面前选择沉默，多数时候是会害怕当我们终于相恋时，许多美好的幻想也会随之破灭。

爱，从来就是一件千回百转的事情。而暗恋，是爱情里最美的样子，但这样的美丽不是所有人都能消受的，它要以对方的幸福为归依。如果有痛楚，也是留给自己。

暗恋几乎没有甜蜜可言，有的似乎只有无尽的思念，徒劳无力的等待，以及怅然的沉默。沉默的味道，如此地煎熬，最远的距离，不过是我爱你，你不知道。茫茫人海，上天给了两人相遇的缘分，却最终还是以“有缘无分”收场，是谁都会有一定的心理落差。

但是，我们回过来想一想，生活中有多少人没有被暗恋困扰折磨过？当我们因为暗恋而付出很多很多，却只管付出不求回报的时候，总以为那份痴情很重很重，几乎成为了世界上最重的重量，但当你走过一段人生之后再来回首往事，你会发现，当时的情根深种可能不过是一个正合你意的人，恰好出现在了对的时间点上，但合你意并不就代表适合。**你的痛苦和爱情会随着时日一起成长，经过岁月的沉淀，最终会化作一缕美好的回忆。**

其实，让我说，每个人一生中应该经历至少一场难忘的暗恋经历，只有拥有了这样的经历和回忆，我们才会懂得相恋是多么幸福的一件事；也只有懂得得来不易，才会从此珍惜眼前人。

有一天，也许你会悄悄离开你曾为之心动的他，却不让他知道，就像不让他知道你的心曾经为他跳过一样。但拥有过那样美好回忆的你，还有什么好遗憾的呢？

你是不是也曾
义无反顾地爱过一个人

当时间过去，我们忘记了我们曾经义无反顾地爱过一个人，忘记了他的温柔，忘记了他为我做的一切。我对他再没有感觉，我不再爱他了。为什么会这样？原来我们的爱情败给了岁月。首先是爱情使你忘记时间，然后是时间使你忘记爱情。

——节选自张小娴《永不永不说再见》

爱，长不过执念，短不过善变。说的大致就是爱情与时间之间的关系。

时间似乎注定是爱情的天敌。有时候岁月等得了，爱情却片刻也等不了。相爱的时候，我们不是恨时间太过匆匆，幸福的时光总是那么地短暂；就是恨时间太过漫长，相见的时间为何迟迟未到。

爱情让我们忘记了时间的存在，又让我们深刻地体会到它的存在。

可是当爱情逝去的时候，曾经的义无反顾现在回想起来，有时候居然连自己都会嗤笑不已，这个时候，时间又成了治愈的良药，一点一滴地缝合着心底的伤，让我们逐渐地忘记曾经爱情里的感觉，再一点点地忘记我们到底应该怎样去爱！

张小娴说："爱情使人忘记时间，时间也使人忘记爱情。"爱一个人的时候，时间不再仅仅是时间，它可以是浪漫、甜蜜、思念，以及一切美好的现象；爱的激情不复存在的时候，时间可能就是枯燥、敷衍、平淡，以及一切负面的现象。虚假的温情会逐渐取代曾经的温存，相敬如宾成为了关系的主旋律。时间在流逝，而爱情褪了色，你对他没了感觉，而他也爱上了别人……

爱情变淡了，很多时候并不只是因为爱的缘故，更多的原因应该是爱情败给了岁月，败给了我们在岁月中逐渐变得怠惰的心：

只想美食，懒得减肥；

只想甜蜜，懒得制造；

只想浪漫，懒得经营；

只想温馨，懒得柴米油盐；

只想谈情说爱，懒得平淡生活；

…………

是时间让我们忘记了爱情吗？当然不是。时间还是时间本身，变的只不过是我们对待爱情的态度。当爱情淡了，感觉不在了，放弃？还是继续努力？主动的话，值不值得？相信很多人都尝过这样的煎熬滋味，心情也跟着上下起伏。

不管我们的最终选择如何，亲爱的，我们只要记住一点，**人生最好的伴侣不是别人，而是我们的内心。**当爱情来临的时候，给自己留下足够的时间，跟随内心的感觉做出选择；而当爱情淡了的时候，我们依旧要给自己留下足够的时间，同样让内心做出选择来。光是你一个人紧张这段关系，对方却静如潭水，一味地被动的话，那这段关系也着实难以为继。不如化被动为主动，主动走出伤痛、执着，勇敢自爱，活出一个全新的自己！

记住，恋爱只是生活方式的一种，而时间只不过是生活旅途中的一个个阶段、一个个过程，享受过程才永远是我们最终的人生目标。所以，管他将来如何，活在当下，好好爱自己、真诚爱对方永远都是错不了的。

不是每个故事，都有结局

他不必爱我到永远，谁知道永远有多远？在我渴求的时候，此刻就是永远。当我说："可以帮我绑鞋带吗？"而他愿意俯下身去为我做一件这么微小的事情，那一瞬间，便已经是永远。

——节选自张小娴《永不永不说再见》

并不是每个故事，都有结局。也并不是每个问题，都有答案。

就像所有恋人都喜欢问的这个问题——"永远到底有多远"。

永远到底有多远？有人说："永远就是永远，游离于时间的荒野尽头，我们永远也走不到。"也有人说："永远就是无穷尽。"

看来，大家都明白，"永远"是无法凭肉眼看穿，无法用任何计量单位来衡量的。但反过来，我却不明白了，为什么这个问题会成为所有恋人之间必问的一个问题，而且大家都还这么喜欢问、不厌其烦地问？

在任何时候，任何人眼中，"爱情"都是一个浪漫的，令人心动的词。爱情永远是我们最永恒的主题，你走进我，我走进你，爱的序曲就开始响起。也就是从这个时候开始，每个人都会不由自主地渴望着永远，都希望自己的这份爱情能永不褪色。

但是，生活中有多少甜言蜜语最终沦为了彻底的冷漠，又有多少曾经的海誓山盟化为了一个个泡影？不管曾经爱得多么热烈，多么难舍难分，当爱情到达了终点的时候，最终，我们还是会孤单一个人。曾经的甜蜜也不过是过眼云烟……

永远，到底能有多远？世间真正有永远的爱吗？

在张小娴的眼中，世间根本就没有所谓的永恒——“千百年来，依旧日升月落。时间是什么？永远又是什么？是不是根本就没有永远？永远，只是一句多情的话。”

佛家禅语：“一切众生，从无始来。”凡事没有开始，也没有终结。生生世世，无来去，也无始终。所以，真正的永远，只在人心。恰如张小娴所说：“时间和永远只是人类的思维，相对于短暂、片刻和尽头。”

永远，也许是一生一世，也许是十年八年，也许是一年甚至更短，短到瞬间即永恒。

“他不必爱我到永远，谁知道永远有多远？在我渴求的时候，此刻就是永远。当我说：‘可以帮我绑鞋带吗？’而他愿意俯下身去为我做一件这么微小的事情，那一瞬间，便已经是永远。”爱的每一个瞬间便已经在当下成为了永恒，这是张小娴所认定的永恒。

人的生命终是有限的，只要当下是真正爱了，真正感动了，留在心底便成为了永恒。不管人生是长、是短，只要拥有了许多这样美丽的瞬间，我觉得这样的人生也值得回味、可以满足了。回忆是永远也不会老去的，那爱情在回忆中便成了永远，而且永不老去。

所以啊，我们也不用再每天去猜测永远到底有多远了，幸福会让我们见证永远的深远，也许在你不经意的瞬间，也许在你感动的那一刹那……

在爱情里，没有谁永远专属谁

你却不可以一厢情愿地认为别人属于你。他为什么要属于你呢？你的情人，甚至是丈夫或太太，都不是属于你的。无论你们的关系多么深，他仍然是一个独立的个体。

——节选自张小娴《永不永不说再见》

“我是属于你的。”这是一句情侣之间再平常不过的情话，但很多人却把这句话当了真，有的人还不仅仅如此，还理解得很“透彻”——这里的“我”当然还包括“我”的思想、“我”的个人喜好、“我”的生活、“我”的时间，等等，全部都属于你，你可以自由地支配。

于是，很多女人便一厢情愿地以为，既然这个男人完全属于我，那不光是他这个人，还有他的钱、他一切的一切，我都可以随意地随自己的心意和喜好来进行改造。

于是，改造男人，似乎成为了爱情中永恒的“工程”。

因为他属于我，所以他必须永远爱我，永远都只爱我一个人；

因为他属于我，所以他眼中必须只能有我，不能多看别的女人一眼，也不能和别的女人多说一句话；

因为他属于我，所以我说的永远都是真理，不能违背我的意思；

因为他属于我，他就应该为我而改变，每天尽可能多地陪我，尽可能多地宠我；

…………

遗憾的是，这些“必须”大多数时候都只停留在“改造”的阶段，生活中“改造成功”的案例，实在不多。

为什么会这样呢？事实上，男人的一句“我是属于你的”，潜台词不过是——我的爱情世界允许你的进入和参与，在这个时间和空间里，我不会背叛你，也不会爱上别的女人。仅此而已。

但多数情况下，女人们就会误以为，男人这样说，就意味着他真的是完完全全、彻彻底底地属于自己的。

事实上，怎么可能？世间又有哪一个男人是彻底地属于一个女人的？

爱情从来都不是依附，一段好的爱情，永远从你我的独立开始。别说你属于他，也别妄想着他会独属于你，在爱情里，没有谁是属于谁的。

你可以一厢情愿地认为自己是属于某人的。然而，你却不可以一厢情愿地认为别人属于你。无论你们的关系多么深，他仍然是一个独立的个体。**男女之间最深的联系是爱而不是拥有。**

很喜欢张小娴《永不永不说再见》里的这段话。虽然恋爱是两个人的事，但是在爱情的世界里，彼此双方都是独立的个体，而且谁都有选择的自由——选择追求自己想要的生活方式、选择怎样爱你，或者是选择爱不爱你。

只有当彼此拥有了独立的空间，任何一方在爱情里都没有陷得太深，能给对方自由呼吸的空间。彼此之间也不须通过各种各样的方式，来确认爱的存在，因为爱就在彼此的心里，它就是生活的一部分。这样的爱情，才能日久弥新。

如果，某一天，爱情成了一种附属关系，你因此而失去了本真的自己，那你失去自我的同时，也许就已经失去了爱情。

有那么一段日子，
我们忘了爱自己

当一个人很迫切地要和你分手，你便答应他吧。他要是想得不够清楚，不够决绝，才不会那么迫切，迫切的人是留不住的，他根本没有爱过你，才会这样践踏你的尊严……既然这样，你夺回尊严的唯一方法，也是要像他那么迫切，不要怠慢……

——节选自张小娴《在天涯寻觅你》

原谅和放过都是很有力量的字眼。因为这就意味着你长久以来的支持在瞬间会变得毫无意义。否定自己，是需要很大的勇气的。

但是，当背叛已成事实，当爱与己无关的时候，除了原谅对方，放过自己，我想不出来更好的解决办法。更何况，为了一样也许永远都不可能属于自己的东西而劳心劳神，让自己变得疲惫不堪，这样的人生很不划算。要知道，爱情的长度不是用时日计算的，如果结局是分手，一起多久都是毫无意义，继续牵扯，不过是让自己变得越来越卑微，卑微到最后连自己都会瞧不起自己。

爱得越深，你就会活得越卑微。

站在爱情的天平上，双方的一切，不管是爱的程度、付出的多少、得到的多少，等等，各方各面从来都应该是对等的。

如果只是你很爱很爱他，他却不爱你，这样的爱很辛苦。就连张小娴也感叹说："爱人是很卑微的，很卑微的，如果对方不爱你的话。"因为，在不爱你的人面前，你永远都只能是保持一个仰视的姿态，所有的行为也都是被动的，你就像一粒无足轻重的沙粒一样，卑微地生活在你爱的人的世界里。在他的眼里，你的爱、你这个人，甚至是你所付出的一切，都是无关紧要的。

因为爱他，所以即使对方不爱你，即使在你爱的人面前，你几乎要低到尘埃里了，即使他的世界里没有你容身的角落，你也会倾尽自己的心力去爱他，想方设法地挤进他的世界，他的生活。

因为爱他，付出得再多，你也从来不会希冀对方会有所回报，虽然爱上不爱你的人，本身就不会有回报的。

他的喜怒哀乐时时牵扯着你敏感的神经，而你的喜怒哀乐，你的一切一切，却跟他一点儿关系也没有，他即使知道，也会假装不知道。

这就是爱与不爱的本质区别。

爱一个人很难，要放弃自己心爱的人，这样的选择更难。但亲爱的朋友，一个心仪却无缘的朋友，一段投入了却得不到回应的感情，某种长期期盼却迟迟不得实现的愿望……这样无望的坚持，对我们的人生又有何意义呢？在人生的旅途中，有些人、有些事，注定了要与你擦肩而过，注定了只适合用来回忆，一旦你得到了，日子久了，你就会发现它原来不是自己所想的那样美好。

但当你选择原谅和放弃，结果可能就会有所不同。虽然在放弃的时候，你会感到很艰难、很无奈，但是拥有的时候，也许我们正在失去，但是放弃的同时，我们也许又在重新获得。因此当你喜欢一样东西的时候，得到和拥有并不是最明智的选择。

所以，当你面对一个你不爱的人的时候，不要选择当着他的面伤心落泪，或者是把生病和不开心的事情向他倾吐，没用的，你的伤心落魄最多只能够换来他的片刻同情，有的人甚至连同情和敷衍也不会回应。要知道，只有真正爱你的人才会真正疼惜你、愿意去了解你、关注你。当一个人很迫切地要和你分手，你便答应他吧。他要是想得不够清楚，不够决绝，才不会那么迫切，迫切的人是留不住的，他根本没有爱过你，才会这样践踏你的尊严……

所以，**痛苦地爱，不如选择痛快地原谅，痛快地放手。**

你才是自己最好的归宿

每一个女子，在不同阶段对爱情的体会及信念，都会有改变。6年前，爱情可能是我人生中最重要的部分。6年后，我则把爱情看成是自我完善的过程，在爱情中学习及成长。

——节选自张小娴《面包树出走了》

爱情从来就是一件千回百转的事儿，它让我们爱上自己、怀疑自己、怜悯自己、恨自己，也了解自己，让我们深入自己的心灵深处去探索未知的自我。

爱情从来也是一件幸福的事儿，它有甜蜜、有感动、有期待、有关怀、有思念，等等。

但爱情从来也是一件让人痛苦的事儿，因为它会有伤心、猜忌、背叛和绝望……

在感情上经历得多了，当初的单纯自然会不复存在。

多数人也都是一边受着伤，一边寻找着真正的、全新的自我；一边成熟着，一边寻找着理想的幸福。

不少人问过这样一个问题："最美的爱情，究竟是成全还是守候？"在我看来，**爱情不管最终结果是成全，还是守候，我们都应该在爱情当中坚守最真实的自己。**女人更应该为自己而活，而不是活给别人看的，所以，成长是她们最好的归宿。

当我们经历了一次次的打击、一次次的挣扎之后，回首来时路，我们会发现，生活有时候真的就像张小娴说的那样——**"原来人生的过渡，当时百般艰难，一天默然回首，已是飞渡千山，成长，才是女人最后的归宿。成长之后的爱情，才是更圆熟的爱。"**

在不同的人生阶段，每一个女人对爱的体会及感悟都会随着时间推移、阅历的丰富而有所改变。在几年前，爱情也许就是她人生中最重要的事儿。但是时至今日，经历过爱情的种种之后，她可能已经把爱情看成是一个自我完善的过程，不断地在爱情中学习、成长。

在爱情最开始的时候，他是你的全部、你的一切，但是一旦经历了一些事情，看过了一些人生百态之后，你便开始学着拥有自己的梦想和人生，这便是所谓的成长——爱情不再是生命的唯一。

在《流浪的面包树》里，程韵有了明显的成长，爱情的离去成全了她的成长，她不再是以前那个脆弱的、天真地以为爱情是生命的全部意义的女孩。她开始接受和习惯生活的平凡和琐碎。以前绝对不会和林方文一起做的一些事情——比如说，一起买沙发、一起吃蛇肉，等等，经历了爱情的挫折之后的她都开始习惯起来。

有句话叫："令女人老去的，是男人和爱情。"很多时候，我们爱着，只是自己一个人的事儿，依靠他人的权利和财富，这更不能带来真正的幸福。所以，只有自身的成长才是最好的归宿。

英国伊丽莎白女王曾经为两个追求者心动——一个是让她觉得自己是"全世界最棒最聪明的男人"，另一个是让她觉得"自己是全世界最棒最聪明的女人"，最终，伊丽莎白选择了后者。

伊丽莎白无疑是智慧的，因为她深刻地懂得，想把一个男人留在身边，就要让他知道，你并不依附他而存在，你随时都可以离开他。

这样的智慧是建立在绝对的自信基础上的。而这样的自信，来源于不断的成长。

只有成长，才可以让自己变得更优秀、变得更美丽，才可以让自己抓住爱情的主动权。

要知道，如果在爱情里，其中的一方始终卑微地仰视了另一方，那么，这一场感情也就失去了它原本应有的乐趣，称不上是真正的、完整意义上的爱情，因为爱情的双方从来都应该是平等的。如果这一平等关系失衡了，最终的结果只能是其中一方绝望而去。

曾经的恋人，
就让它住进回忆好了

回忆是不可以代替的，然而，旧的思念会被新的爱情永远代替。

——节选自张小娴《面包树出走了》

人生其实是很过瘾的一趟旅程，虽然在有的人眼中，人生之路充满了太多的未知。但因为它有很多转角，有的转角很惊险，有的转角又充满惊喜……我们的人生才拥有了无数种可能。

人生如此，爱情也同样是如此。

有时候，我们遇见一个人、邂逅一份感情、投入诸多心血，便以为，这份爱会至死不渝。但是，爱情，无法预言，毫无征兆，它总在不经意间到来，也会在不经意间离开。爱情离开了，我们却永远也忘不了那时的甜蜜、掉过的眼泪、受过的委屈。

“我忘不掉以前的感情，还会有新的感情到来吗？”不止一个人在失恋后问过这样的问题。

张小娴的回答是：“要从失恋的痛苦中复原过来，只有一个办法，那就是学习去接受事实。事实是：这一段情已经过去了。**无论这个人有多么好或坏，无论那些日子多么快乐，现在已经过去了。只有接受这个事实，你才可以忘记一个你应该忘记的人。”**

事实上，谁不是一边受伤，一边学会坚强？张小娴也曾经历过两段爱情，她的初恋发生在大学期间，她暗生情愫的对象是大学里的才子——一个架着黑边眼镜的男生，因为经常写爱情歌，被誉为“校园情歌王子”。但这段感情最终却以“男生与一个大他5岁的知名女画家好上了，因为对方可以让他走上事业成功的捷径”而结尾。

然而，人生的转角，你不走过去永远不知道下一个转角你会遇到什么。张小娴的初恋虽然以失败告终，但是她在人生的转角处又遇见了现在的这段感情——当初她生病时，初恋男友陪她去看医生，这个医生得知男生竟是电台里常宣传的“情歌王子”时，将一个音乐盒送给了他，后来男生又将音乐盒转送给了张小娴。

这个音乐盒，张小娴收藏了8年之久。后来，张小娴的母亲因心脏病发作住进医院，而主治医生正是当年送音乐盒的那位医生。因为感谢抢救母亲，张小娴邀请医生吃饭，于是，后面的相识、相知、相爱便是顺理成章的事儿。

爱不过是，一段遗忘，一段开始。张小娴以过来人的身份告诉我们：在苍茫人世间，我们有时会找错了另一半。但另一半终有一天会出现，届时爱情会呼唤我们……

所谓的爱情，不过是一段逝去、一段开始。曾经的恋人就让他成为生命的过客好了，而曾经的爱情，就让它住进回忆好了。

当你明白了“所有的悲哀也不过是历史”这个道理之后，你的感情世界自有另一番新景象。因为上帝为你关闭了一扇门，就一定会为你打开一扇窗。与其在关着的门前流连忘返，不如去开着的窗外寻找属于自己的天空！

只要你耐心等待、仔细寻找，终究会有一份新的爱情代替你旧的思念，填满你的感情世界。但一定要记得保持微笑，因为我们不会知道，下一个转角处，我们遇见的是不是自己今生的最爱。

Part 2

那些得不到的美好，看起来好浪漫

有时候，
是你准备好了，
他没有准备好；
有时候，
他准备好了，
而你却没有准备好；
等你们都准备好了，
却发现原来你们不能在一起了。

怕就怕人生中
既没有爱，也没有孤独

孤单不是与生俱来，而是由你爱上一个人的那一刻开始。

——节选自张小娴《悬浮在空中的吻》

只因为在人群中多看了你一眼，
再也没能忘掉你的容颜。
梦想着偶然能有一天再相见，
从此我开始孤单地思念。
王菲一首《传奇》唱出了万千人的孤独心声。

当一个人开始孤单地思念另一个人，这说明了一个事实——他（她）爱上了她（他）。张小娴的那句名言——**“孤单不是与生俱来，而是由你爱上一个人的那一刻开始”说的就是这个意思——真正的孤独是从你爱上一个人开始的。所以，有爱情就会有孤单。**而且两者缺一不可，无爱的心灵不会觉得孤独，未曾体会过孤独的人也不可能懂得爱。

一个人的时候，也会有孤独，但那时候的孤独与其说是孤独，不如说是迷茫，不知道自己未来的人生之路通向何方，因为迷茫，所以徘徊；因为徘徊，所以孤独。这个时候的你虽然迷茫、徘徊，但是你可以一个人走遍世界，结识不同的朋友，而不必向他（她）交代行踪，一个人在世界的任何一个角落享受安静。或者你也可以选择下班之后，立刻回到家里，享受自己的世界。那个时候的孤独是平淡的、没有波澜的。

而爱情的孤独最能刻骨铭心，甚至可能会搅扰你一生的心绪，这个时候产生的孤单也才是真实的、深入骨髓的。

人世间最值得回味的爱情往往也是用孤单来谱写的传奇。

因为爱他（她），你便不忍心让对方孤单，于是，不如自己孤单好了；因为天各一方，思念无处填补，这样的距离让人由不得不思、由不得不想，也由不得不孤独；或者是因为失恋产生的孤单，激情、爱情和热情一时间全部失去了支撑，颓废、无助和空虚接踵而来，留下的只有一眼望不到头的孤单；此外，漫长的守候也是一种爱情的孤单，担心、希望，以及对重逢后的甜蜜和满足的期待填满了孤单的空间。

孤独就像是一杯苦茶，因为深知孤独的滋味，有时候我们会埋怨这个世界。但孤独的时候，有一个人可供我们思念，有一段美妙的日子可供我们怀想，有一个美好的未来可供我们憧憬，这样的孤独何尝不是一种美呢？怕就怕人生中既没有爱，也没有孤独，这样的人生简直比白开水还要平淡无味。

所以，不管你的孤独是暂时的，还是遥遥无期、无处安放的，**怀着爱的希望，孤独才能忍受，甚至会带有一丝丝甜蜜的味道。**

爱情使人年轻，也使人年老

并非每一个女人都要得到最好的爱情，她们明白代价。

——节选自张小娴《面包树上的女人》

有人说，女人的幸福是丝萝找到可托之乔木。也有人说，女人最艰难的抉择便是在面包与爱情之间进行选择。

在每个女人的心中，都有着或曾经有着一段关于美好爱情的设想，都希冀着自己就是那一段美好爱情故事中的女主角，在这个故事当中，爱情绝对是第一位的，至高的，事业、面包，统统都不需要考虑。

可以说，对爱的渴望和执着，是人类永恒的天性，它是浪漫的，在面对现实之前，每一个女人，都是爱情至上的。

但现实毕竟是现实。面包与爱情，自古以来，便是女人们最难抉择的事情。

再不可一世的女人，面对物质，也还是会选择低下她高贵的头。

面包与爱情，就像是天平的两端，我们小心翼翼地掌控着这两者之间平衡的尺度。

卿卿我我的甜蜜，只不过是爱情的保鲜剂。爱情也需要面包来滋养。

面包是物质，是食粮。

没有面包，哪里来的爱情?

如果温饱问题都没有解决，哪里有精力来风花雪月？

毕竟，这是一个物质至上的年代，空谈爱情，对绝大多数人来说，都是一件极其奢侈的事情。

看完《面包树上的女人》之后，很多人都会很自然地问自己会选择怎样的男人，是林方文还是徐起飞?结果是，很多人往往被自己问住了。林方文这样完美而才华横溢的男人，女人很难不为之心动。但这样的男人其实最难驾驭，女人却偏偏喜欢飞蛾扑火；徐起飞，典型的十佳好男人，要地位有地位，要钱有钱，而且还理智冷静，最最重要的是，他很重感情，他很爱很爱你。

一个能给予我们爱情，一个能提供给我们面包。

但女人们总喜欢这样，明明知道选择哪条路，自己的人生从此便会幸福富足，却总是在面临抉择的时候犹豫不决，或者是向着反方向走去。

是啊，我们何尝又不是一个既想要爱情，又想要面包的女人?

书中的男女主人公可以说是一对生死恋人。程韵渴望高纯度爱情，而林方文则生性多情，这样的两个人，恋爱的过程完全是能预见的，结局也似乎是既定的。

最终，爱情和时间让程韵成熟、成长了。她最终也明白了，最适合过日子的那个人，不一定是自己最爱的，但肯定会陪自己在肚子饿的时候不顾形象地大吃一顿，也会乐意陪着自己携手逛宜家，当她疲惫回到家时，他会是贴心地准备晚餐的那个人。而曾经的最爱，会像记忆一样，住进了自己的心里，只会偶尔拿出来回忆一下。

女人的成长，多半来自男人和爱情。爱情使人年轻，也能使人苍老；爱情能造就一切，它也能毁灭一切。无论结局怎样，女人们最终都会明白一个亘古不变的道理——人生有得必有舍。**当你决定要一样东西时，就意味着必须放弃另一样。**如果鱼，我所欲也；熊掌，亦我所欲也。什么都要的结果，往往便意味着什么都得不到。

因为深爱，
所以才有那么多画地为牢

因为爱你，我更自爱。因为爱你，我知道自己的存在。因为爱你，我在成长。因为爱你，我对痛苦和快乐都有了深刻的感受。因为爱你我才知道人生有许多无法满足的事。

——节选自张小娴《悬浮在空中的吻》

电影《卡萨布兰卡》里有一句很经典的台词——**世界上有那么多的城镇，城镇中有那么多的酒馆，她却走进了我的。**

用这句话来诠释“爱情本来就是一场心甘情愿的束缚”这个主题，似乎很贴切。对自由的放弃，意味着对爱情的忠贞。

对爱情来说，何谓束缚？何谓自由？

“爱情，有时候，是一件令人沉沦的事情，所谓理智和决心，不过是可笑的自我安慰的说话。爱情从来都是一种束缚，追求爱情并不等于追求自由。自由可贵，我们用这最宝贵的东西换取爱情。因为爱一个人，明知会失去自由，也甘愿做出承诺。”张小娴是这样做出解释的。

爱，常常让我们希望对方能放弃自己的自由，而甘心情愿地成全“我”的自由。

这样看来，其实，爱情是多么地独裁。因为爱，所以想占有对方的自由，然后在他的世界里任“我”行。

但是，我们都深刻地知道，爱情里并没有绝对的自由，即使有，也是一方心甘情愿地奉献出自己的自由，来成全对方的自由。

爱是如此深切、沉重的一种感情，以至于与几乎所有的负面情绪都牵扯在一起——贪婪、占有、嫉妒、攀比、怀疑、愤怒……

你会发现，在感情的世界里，做到绝对的相信是那么地难。即使对方信誓旦旦的承诺，斩钉截铁地回答，你也无法彻底消除内心怀疑的冲动；要放任自由更是难上加难，恨不得时时都在自己身边，如此才能保证绝对的安全；没来由地嫉妒身边任何一位颇有姿色的女性……

久而久之，原本简单的事情，越发变得复杂；做朋友时明明很美好，做了恋人却反而不开心……

我们心甘情愿地用自由兑换来爱情，心甘情愿地被束缚，换来的是不自由，但没办法，谁叫我们心甘情愿呢？

“人生的大部分时间里，承诺的同义词是束缚，奈何我们向往束

缚。”“爱情从来都是一种束缚，恋爱是一个追求不自由的过程。”正如张小娴所说，**感情里所有的束缚，都不过是我们自己心甘情愿地画地为牢。**自由虽然可贵，但我们宁愿用这最宝贵的东西来换取爱情。因为爱一个人，明知会失去自由，也甘愿做出承诺。

一直以来，追求爱情并不等于追求自由，因为有爱，就意味着承担了一份责任。爱的任何一方都有责任和义务去关怀、守护、照顾、相信另一方。这些责任和义务也就意味着束缚和自我奉献、牺牲。从此，生活不再是你一个人的生活，你的生命中也多了一份深切的羁绊。

除了心甘情愿地走进去，试想，谁会主动去牺牲自己的人生自由？

但心甘情愿地被束缚，这只是爱情的开始；如果要追求天长地久的爱，还得稍稍还自己和对方一些自由的空气，毕竟谁都不会喜欢窒息的感觉。而用誓言来为对方带上手镣的爱情也会让人不堪重负，唯有用信任来把他释放，才是正确的选择。

你也不妨试试吧！

好的爱情
才不会委曲求全

天长日久，我们渐渐明白，爱情也是一种修行。我们在追逐情爱的岁月里，终于发现，爱情不是两个人或者三个人的事，而是一个人的事。爱情，是自身的圆满，当你了解了爱情，你也了解了人生。

——节选自张小娴的采访

“你到底不爱我哪一点？告诉我，我改还不行吗？”这样的委曲求全，生活中很常见。但这样的委曲求全又真的能换回对方多少真心和实意？女人在爱到极致的时候，常常容易迷失自己，甘愿不求回报地付出，也总以为自己的付出多多少少能赢得对方一点点的注意。

但事实上，多数情况是对方不屑一顾，甚至是极不耐烦。**爱对方，却不懂得如何来爱自己，这样的你，会活得很辛苦。**

生活中有太多这样的女人，毫不吝啬地爱着另一个人，却独独忘记了去爱自己。

但她却也忘记了，只有自己幸福的人，他才能感染别人，传递给对方幸福的能量；同样的道理，只有真正爱自己的人，他才有能力去爱别人。

试想，连自己都不爱的人，他怎么能求得别人的爱？

爱不是委曲求全，用委曲求全得来的爱情也不会是真正的爱情。

真正的爱情，就像张小娴说的，它不是对一个高高在上的人的崇拜，而应该是平等的。曾经的张小娴也经历了一段看似美好的爱情，但是最终对方选择了一个能让他的事业走向成功的女人。经过痛苦的挣扎和反思，张小娴在失去的爱情里得到了成长：爱情并不是人生的全部，唯一可以强横地霸占一个男人全部记忆的，就是要比他活得更好。

张小娴用她的人生经历告诉我们：爱情也是一种修行，它是一种自我的圆满。委曲求全地去爱一个人，最后却得不到回报，不是你不配，而是你少了一种自信淡定的姿态，少了这样一种从容的姿态，就注定你会在爱情的道路上是个输家。

只有当我们学会了爱自己，我们才会认识到自己，也只有如此，我们才懂得如何去对待别人；只有当我们学会了爱自己，我们也才会懂得去尊重别人；也只有当我们学会了爱自己，我们才会拥有永久爱的能力和可能。

如果爱到失去自己，爱到把自己的生命变成是对方的生命，自以为不求回报地一味付出，但世间又有几人能真正不求回报地一再付出？舍得舍得，有舍有得，舍的同时，必定伴随的是我们内心深处最深的渴盼——获得理想爱情，生活变得精彩，人生也从此不一样了。但越是付出得越多，内心在意的程度也就越高，好不容易换来的爱情，好不容易等来的良人，每时每刻都要害怕失去了，心里总在担忧他什么时候就会不爱自己了，会离开自己了。这样的爱情，试问又能保鲜多久？

爱，是需要给彼此空间，更需要给自己空间的。只有当你在爱情中独立自己，爱情才会日久弥坚。做个独立的女人，如此，你才更有信心去面对一切，才能更清楚地去解决问题，才会给对方一种可以相守相伴的信念；做个坚强的女人，如此，你才能在经历各种伤害后，还能拿得起、放得下，潇洒分手后，继续好好生活，甚至比以往活得更精彩，让他知道失去你将是他今生最大的错误；做个有包容的女人，如此，你才能拥有更多爱的能力，让自己变得更懂爱、更有爱……

没有一个女人可以忍受自己过期，真正的爱情是自我完善的一个过程，痛，是可以一边走一边治愈的，这是爱的代价。我们经历的所有人生，不管是你爱过别人，被别人爱过，还是你伤害过别人，或者是被别人伤过，所有的欢欣、失望、等待、煎熬、思念，总有一天，你会豁然开朗——得与失早已不那么重要，重要的是你把每一个和他在一起的日子都享受到了极致，**好好爱自己，这是你能给自己，也是给对方的最好礼物！**

因孤独而爱，
只会越来越孤独

爱情不是避难所，爱情需要仰慕，如果只想进去避难，会毫不留情地被赶出来。

——节选自张小娴《月亮下的爱情药》

“你会因为孤独和寂寞而选择去爱一个不该爱或者你原本不爱的人吗？”

很多人下意识的答案是——“不会”。

但在我们生活的周围，却不断上演着一段段只跟寂寞、孤单有关的恋爱故事。

有些人是为了恋爱而恋爱，而有些人是为了寂寞、孤单而恋爱。

确实，一个人孤零零地待在一个偌大的城市，冰冰冷冷的，孤独得、寂寞得简直让人无处可逃。

只为了寻求那一点点的温暖、关怀，证实自己的存在，很多人便试图在爱中找到自己存在的意义，用以逃避生活的冷淡、虚无和轻飘，以及对未知的恐惧。

于是，越来越多的人，在孤单和寂寞的压迫下，急匆匆地恋爱了。

但，爱情不该是这样的。这也不是真正的爱情。

爱情不该是孤单的避难所，它也不应该是恐惧的避难所，安全感更不是来自于爱，它来自于内心的坚强。张小娴对待爱情的观点，从来就是——女人应该自强自爱。在她看来，爱和安全感都是自我的价值，求诸别人，不如首先求诸自己。

是啊，不管是安全感还是爱情，归根究底，其实都是我们自己给的。

因为害怕孤独，我们选择了相爱。但是两个孤独的灵魂生活在一起，就真的不再感觉孤独了吗？寂寞是一个男人出轨的理由，也是一个女人犯错的开始。

因为对未来的恐惧，我们选择了相爱。但是，选择了相爱就会淡化我们对未来的恐惧？恐惧是我们此生必修的人生大课题，我们终究是要走完这段人生路才会开始新的人生。

因为被痛苦折磨得心力交瘁，我们选择了相爱。但是，如果我们放任一个人进入自己的感情世界，痛苦从此就会消失无踪吗？不会！相爱的必要前提是正确的人、正确的时间、对的感觉，等待对的人，虽然等待的过程有点儿痛苦，但至少还有美好的期待。如果选择一个错的人，而你希望由此而开始美好新生活，结局是可以预见的。

因为寂寞、空虚、痛苦而恋爱的男人，会把这个女人当备胎，她只能生活在他的爱情之外。

而因为寂寞、空虚、痛苦而恋爱的女人，则会走入感情的围墙，最终害的是自己。

生活中有太多的人，用太多的故事告诉我们——不要因为孤独而去爱一个人，不然你会因为爱过一个人而孤独一生。因为当一切结束，爱情替补的心底只会积累更多的伤痛。

记住，爱情不应该是孤单、寂寞时的避难所，张小娴说，“爱”的真正含义，就是当感觉、激情和浪漫统统拿掉之后，当容颜，青春和浮华统统不在之后，你仍会发自心底地珍惜对方。真正的爱情本该是这样，我们应该还爱情以本来的面目——纯洁、美丽、幸福、浪漫、真诚。

好的爱情是，
他的计划里有你

如果没有很大把握，又或者没有坚定的信念，请不要说太长久的承诺。相爱时叫承诺，不爱的时候呢？也不是谎言吧。毕竟爱着的时候就算说了地久天长，相信也是出自真心。只不过后来的离开，不是自己能把握的。

——节选自张小娴《再见野鼬鼠》

相爱和相守哪个更难，这似乎是一个老生常谈的问题。

相爱是一瞬间，相守是一辈子，你说哪个难？

“除了变，一切都不会长久”，这是雪莱对人生的感悟。人生易变，更何况是全凭感觉说事的爱情？

个人觉得“在我计划的未来里，有你”这句承诺异常浪漫，生动指数堪比“执子之手，与子偕老”。因为“未来有你”这样横跨一生的誓言，实在浪漫无比。

但往往说出来容易，做起来难，所以人们才会有“相爱容易，相守难”的感叹。

我们从相识、相知、相爱，到最后的相守，中间有很漫长的人生路要走，在这个过程中，会有很多的过客经过我们的生命，有的是相识，有的会与自己相知，有的，你们彼此之间还会产生感情，但最终只有一个人会陪我们走完人生的旅程。前面的道路也会有很多磨难在等着我们去经历——有两人磨合时产生的矛盾、有柴米油盐的琐碎生活的困扰、有时间对感情的侵蚀，甚至还有世事的变迁、人心的变动以及外来的压力等等，相爱的旅程其实就像唐僧西天取经一样，不经历九九八十一难，难成正果！

正因为缘分得来不易，正因为**守护一份得来不易的爱情很难，我们才要对爱有着无比坚定的信念。**

“如果没有很大把握，又或者没有坚定的信念，请不要说太长久的承诺。相爱时叫承诺，不爱的时候呢？也不是谎言吧。毕竟爱着的时候就算说了地久天长，相信也是出自真心。只不过后来的离开，不是自己能把握的。”这是张小娴以过来人的姿态送给我们的劝告。

张爱玲向往的爱情是“执子之手，与子偕老”。而张小娴向往的爱情是“永不消逝的爱”她相信爱是人生最好的相逢，在她眼里，爱情是含笑饮毒酒，肝肠寸断，永不言悔。不管是哪一种爱，都是一种对爱的坚持和守护。

“对于承诺，男人非常慷慨。男人一生向女人所许下的承诺，多不胜数，几乎连他自己都忘了。男人知道，女人的爱情，离不开承诺，没有承诺，就是没有将来。男人若不向她许下承诺，女人难免想到这个男人只求片刻欢愉。”是啊，生活中有太多的男人深谙这个道理，所以诺言许得快，但是，也忘得快，终归是，许下的多，实现的少。

其实，哪个女人不懂男人的这个劣根性？一再地要求男人们许诺，更多的时候只不过是想摸清自己在对方心里到底占有了多少分量，不过是想给自己一份安全感罢了。

爱情的起点是爱，再往后，就要靠磨合和细心经营。在这个世界上，要找到一个真心爱自己，而自己也爱的人，确实不容易，既然找到了，就没有理由轻易放弃；既然许下诺言了，就没有理由轻易忘记。

爱，从来都是很具体的，它是付出，是时间和精力的不断投入，这也是付出爱、得到爱的最基本条件。失去这些条件，爱难免流于空谈，有心无力，或信口开河，或者是只谈物质。

所以，如果没有很大把握，又或者没有坚定的信念，请不要说太长久的承诺。

跟任何事情一样，只有拥有了坚定的信念，前面的路才会走得更远、更顺利，所以，爱之前，我们必须先清楚自己的心；许诺之前，我们也得考虑，将来是否有足够的能力去实现，如此才能走以后的路。记住，爱的承诺都需要一生的付出。

当然，因为种种原因，并非所有爱的诺言就一定能践约，也并非所有的伤害都来自失约。但至少我们可以做到，在许诺之前慎重考量，不要因为一时激情而轻易地许下诺言。

未来的路很长，如果没有足够的把握，请不要轻易给女人许下太过完美的诺言，否则，再完美甜蜜的承诺，如果终了只能是一句苍白无力的空话，你失去的可能就不只是女人的一颗心……

该走的迟早都会走，
任何挽留都无济于事

“为什么每次我跟你说再见，你都说‘谢谢’，而不是说‘再见’？”“我不说再见的。无论你跟我说‘再见’‘拜拜’或者‘明天再见’，我都只会说‘谢谢’。”我说，“因为再见对我来说，就是永远不再见。”

——节选自张小娴《永不永不说再见》

忘记了曾在哪里看到过这样一个故事，印象很深刻，至今都难以忘怀：

她爱他，很爱很爱，可是此刻，他已经不属于她了。

现在他面前，她忍住了眼泪才轻轻地问候了一句——“好久不见了”。

“是啊。”

“她……还好吗？”

“嗯，很好。”

“……”

“我先走了，她需要我。”

“再见……等一下，”她喊住了他，“如果可以，我一定用力抱紧你，可是，现在我连靠近你都需要勇气了……”

“那我们别再见了。”说完，他就加快脚步离开了。

很简单的一个爱情故事，但是给人悲伤逆流成河的感觉。

“每个人心中都有一片永不之地。既然不可以永不长大，但愿永不苍老。永不苍老也是奢望，那么，可否永不孤单、永不害怕、永不忧伤、永不贫穷、永不痛苦？有一天，当我们幸福地在心中那片永不之地登陆，我们或许还是希望永不失去。忘掉岁月，忘掉痛苦，忘掉你的坏，我们永不，永不，说再见。”张小娴以她的深刻和柔情向我们诉说着爱的两难。

对任何一个人来说，爱情都是刻骨铭心的，因为曾经经历了太多难忘的美好。而结局通常是难舍难分的，因为谁都不想和幸福说再见，不想和一切美好的事物说再见，更不想和曾经那个爱到渗入骨髓的人说再见，怕一旦说出来了，就真的从此无法再见了，不说再见，只是保有着一份下次再见的可能。

女人，往往都是爱得如此卑微。

事实上，逃避不一定躲得过；面对也不一定是难受；失去了不一定就不会再有；转身也不一定就是软弱。在爱情的世界里，从来就没有谁对谁错，也不分谁是谁非。唯一有的，只不过是谁先不爱谁了，谁先离开谁了。

爱情会随着彼此双方的经历而改变，而日趋成熟，但是，所有的爱情都不可能是圆满的，分开的理由有很多，不一定是因为你做错了什么，也许，只是，缘分尽了，你们的爱情走到了尽头。缘分如果淡了、走到了尽头，**当爱成为无言以对的时候，当爱成为相见不敢见的时候，当两个人再也回不去的时候，该走的迟早都会走，即使你苦苦挽留也于事无补。**既然如此，不如跟他说再见，让他彻底淡出你的生活，淡出你的记忆。

倘若你们之间缘分未尽，即便是你赶他走，他也不会走。还是那句老话，**是你的，终究是你的；不是你的，始终会离开。**

最难过的是，你想爱的人不能爱

最难过的事情，是你很想爱一个人，却不可能爱他。你知道，代价太大了。你可以不在乎自己失去一些什么，却不能不在乎她所失去的。

——节选自张小娴《永不永不说再见》

开始之前，先跟大家说一个故事：

从前，有一只痴情的公鼠，无法自拔地爱上了一只美丽又年轻的母猫。

猫、鼠是天敌，这注定了鼠的爱情是以悲剧结尾的，因为它和猫分别属于两个完全不同的世界，不仅如此，它们还是敌对的关系。

但没有办法，因为爱呀！鼠一直暗暗地追随着猫，有一天，它发现猫一直不吃不喝的，越来越憔悴了。

当猫最终奄奄一息的时候，鼠流着泪走到猫的面前，说："你不能死，你吃了我吧！"

猫吃力地睁开了双眼，"你是谁，为什么？"

鼠说它是一只鼠，一只深爱着猫的鼠。

猫说："不可能，我们是天敌。"

故事的结局是，鼠抓破了自己的咽喉，死在了猫的面前。临死前，它对猫说："爱着你，我是痛苦的，但看着你痛苦，我又是绝望的。今生也许只有以死来解救你的痛苦，解脱我的痛苦，为你牺牲，我是幸福的，也只有这样，才能让你拥有我……"

是啊，猫和鼠怎能相恋呢？这注定是悲剧，是一场不可能的爱。

张小娴说："最难过的事情，是你很想爱一个人，却不可能爱他。你知道，代价太大了。你可以不在乎自己失去一些什么，却不能不在乎她所失去的。"

很想爱一个人，却又不可能爱他。这样的无奈，生活中很常见。

有时候，是迫于生活的压力，完全看不到未来。因为你可以不在乎自己将来的生活会过得有多艰难，但不能不在乎对方将能不能忍受生活的那份磨难。

有时候，是两个人的感情，不知不觉便成了两个家庭的感觉，在家人和爱人之间，不得已选择了家人。

也有时候是，无法提供给爱的人更好的生活，更没有自信要比对方现在的另一半更好。

更或者是怕自己爱他不够深，或者是爱上了不该爱的人。

…………

不管是哪一种原因导致的爱不可能，要我们放弃一个自己很爱很爱的人，那种痛苦，只是想想都会觉得胸口发堵；但是如果是爱上一个不爱自己的人，那注定就是一场悲剧了。

亲爱的，我们认命吧，在这一生当中，我们注定了是要失去或者是得不到一些东西的，有些人在事业上不得意，有些人可能一辈子都财运不佳，当然，也有些人会得不到理想的爱情。

在感情的世界里，有些失去是注定的，有些缘分是永远不会有结果的。既然如此，何不放下心灵的包袱，转身掉头离去，不再留恋不可能属于自己的人、事、物。也不再为终将不属于自己的人、事、物而弄得身心疲惫、伤痕累累。

做回自己、追求自己真正想要的，找一个真正爱你，而你也爱的人，来从此逆转“不可能的爱”，这是最好的出路。

祝福他，
也祝福自己

你也许能够为所爱的人舍弃生命，却不能够成全他去爱别人。千古艰难的，不是一死，而是成全。

——节选自张小娴《成全还是不成全？》

她挽着另一个男人的手出现在他面前。他终于说出分手。心安理得地离开。视野里，离开后的他不知是否由于太兴奋，竟忽视身后不远处的二人，静静地站立在原地良久，良久……女孩看着他的背影微笑。而身旁的男人把她的手握在手中，叹道，你这是何苦呢。她忍住眼泪微笑道："这样他才能安心地幸福。"

最好的爱，是成全。

而大多数的爱情，是贪婪与恐惧的平衡。愈想占有，愈容易失去。爱是尽量占有和尽量避免失去之间的平衡。人一旦有了欲望，就不镇定了。随时可能气急败坏，歇斯底里。这样的爱很被动，很没有风度，很危险。风险随时都在，你总在患得患失间，丢失了欢乐，扼杀了爱情。

爱情的姿态就像万花筒，不同的组合呈现出不同的样式。有些人，在一起共生共荣，时间一长，朋友们竟惊讶地发现，男人更像个男人了，女人也有更有女人味了。而有的人，却被彼此折磨得死去活来，为伊憔悴，却又分不开。

爱需要彼此成全。在一起，是为了开心。两个人的开心。而不是一人欢喜，一人愁。

张小娴《相逢》中写道："所谓成全，是包括接受自己不是他的最爱，也不是唯一。"

这样伟大的成全，只有最爱的女人才可以做到。千古艰难的，不是为心爱的人去死，因为至少，他是爱你的。最难的，是成全。成全一个不再那么爱你的人，成全他的幸福。

都说爱情是自私的。爱人，背后的潜意识目的，是为了被爱。也许有人会说：那不是真正的爱情。——我们都无非是凡夫俗子罢了。找一个伴侣，无非是希望能和一个人，在人生路上相互陪伴、扶持，互相给予一些温暖，实现彼此人生的共赢罢了。

以他人幸福为幸福，这种高尚的爱，芸芸众生，能有几人可以遇到？又有几人，可以做到呢？

最好的情况，莫过于他快乐，你也快乐。但这不容易做到，往往成全了他的快乐，自己却要忍受很多很多的苦楚。古代男人可以三妻四妾，那个大太太便是最苦的人。她必须要为老公打理好后院，让他在外面安心谋事。这里面当然包括成全他和姨太太们的感情。甚至，得容忍姨太太比自己更得宠，更威风。而自己，还得为这个家累死累活。特别是那些知书达理的封建闺秀，作为结发妻子，她们对丈夫的情意岂能比年月尚浅的姨太太们少？所以往往在大太太临终的时候，那个已经风流够了的男人，才发觉，原来对他最情重的便是一直被自己忽略的那个人。

现代的女子，已做不到这样无怨无悔了——古代女子也并非完全自愿。但，至少，可以成全你的同时，也成全我自己。

是从什么时候开始，你低喃的名字，不再是我？又是从什么时候开始，你温柔的怀抱，已经不能容下我？既然，你的心已远去，留身在这又有何意？

成全，不代表放弃，而代表对爱的坚持。因为喜欢一个人，到了一种程度，就真的会什么都为他想了。若不适合在一起，何不让你走？让你怀念我，总好过让我折磨你。

成全你，也是成全自我的开始。我将那么多的快乐和思念割舍，成全了你不会再回来的离开。从此以后，不再为你哭泣，不再为你长久地沉默，从这一刻开始，快乐地生活。用更多的时间去学习，去做更多有意义的事情，用笑脸将祝福送给你，也送给自己。

微笑着告别过去，勇敢地面对明天。只要坚信心中有爱，就一定会幸福。**尽管你曾经让我迷茫过，孤单过，无助过，失落过。但当我们再次相遇，深沉的爱也会转换成对你淡淡的关怀。**

生命的意义不曾有太多感悟，只是在这样的历程中，学会了成全。爱他，也爱自己。祝福他，也祝福自己。

那些得不到的
美好，看起来好浪漫

爱，真的是美在无法拥有吗？叶散的时候，你明白欢聚，花谢的时候，你明白青春。花会谢，叶会散，繁花甜酒，华衣美服，都在哀悼一段早逝的爱。最浪漫的爱，是得不到。

——节选自张小娴《三月里的幸福饼》

当有些执着令人感到百思不得其解的时候，往往我们会不自觉地感叹一声：得不到的总是最好的。那些为爱痴狂的人，被一个对爱的误解折磨得死去活来。

得不到的并不真的就是最好的，而只是，你永远都有空间把它想象得足够美好。当你真正拥有了，或者，一直拥有的时候，曾经以为再美好的爱情，也开始变得面目可憎。

所以，最好的爱，是得不到。想要保持它的浪漫，就必须要维持它需要的距离。

暧昧是每一个人或多或少都有过的经历。有些人痛恨暧昧，因为他还没来得及懂得欣赏它。一个聪明、成熟的人总是会把握那一点朦胧的暧昧情愫，细细地玩味。甚至，就让爱停留在那个阶段。

对于恋爱，没有神秘感大概是死穴。初恋之所以美好，因为结束得太快，没有经验，还来不及完全了解对方就结束了，人对于尚未做完的事情总是耿耿于怀。

日本小说家村上春树在他的短篇小说《再劫面包店》中写了这样一个莫名其妙的故事：

年轻时，“我”曾和一个最好的哥们儿去抢劫面包店，不是为了钱，只是为了面包。

抢劫很顺利，面包店老板没有反抗的意思。不过，作为交换，他想请两位年轻人陪他一起听一下瓦格纳的音乐。两个年轻人犹豫了一下，但还是答应了。毕竟，这样一来，就不是“抢劫”面包，而是“交换”了。

于是，在陪着老板听了瓦格纳的音乐后，两个年轻人“如愿以偿”地拿着面包走了。

然而，“我”和伙伴非常震惊，连续几天讨论，是抢劫好，还是交换面包更好。两人理性上认为，交换非常好，毕竟不犯法。但是，从直觉上，“我”感受到一些重要但不清楚的心理活动发生了，“我”隐隐觉得还是不应该和店老板交换，相反该用刀子威胁他、直接将面包抢走。

这不仅是“我”的感觉，也是伙伴的感觉。最终，新婚的“我”和妻子开着车、拿着早就准备好的面具和枪，扎扎实实去抢了一次面包店。

这篇小说有点怪诞。但往往很多事，就是这么难以理解，却真实地发生在你我身上。作者用这个故事告诉读者：未被实现的愿望，具有多么强大的力量！

所以，很多人都明白“得不到的才是最好的”这个道理，但还是不能控制自己想要得到的欲望。贪婪的心理，人人都有。欣赏和占有，我们永远都比较擅长后者。

需要经历过多少次，才能明白，爱情和情歌一样，最高境界是余音袅袅。只是，我们对于爱情总是寄予得太多。既希望它能落实到实处，化作柴米油盐陪伴在身边；又不能接受它失去原来的美感，呈现出它脆弱、疲惫的不堪之态。

珍惜眼前人，大多是感到挫败之后的悔悟。没有遭受挫败之前，无论围城内外，对于爱情，都是跃跃欲试的。

只是，聪明的人懂得，若想享受爱情的美妙滋味，又不想被它所累的话，就别靠太近。汉武帝的妃子李夫人临终之前，坚持不让汉武帝看到她最后一面。多么聪明的一个女子，在汉武帝的心中，她永远都是原来美丽动人的模样。

张小娴说，最好的爱情，必然有遗憾。那遗憾化作余音袅袅，长留心上。最凄美的爱，不必呼天抢地，只是相顾无言。遗憾，也是一种幸福，因为还有令你遗憾的事情。

今天的长相厮守，只是尽力而为而已。最安全和最合时宜的方式，还是和自己厮守。

所以，聪明的人在恋爱中一定会有所保留。对爱情，不要寄予太多。也许，爱情需要和生活分开。一旦爱情变成朝夕相对，吃喝拉撒，它早就已经变了味。

一个生活幸福的女人，或许是平和的。但却不一定是最美的。只有爱情，可以让女人的生命如花绽放，美艳动人。爱情，不是成为了一个人的妻子，便画上了句号。那是一生的事情。

只有手艺娴熟的花匠，才懂得如何采撷玫瑰，又不被它划伤手指。**聪明的女人，懂得如何享受爱情的甜蜜与浪漫，懂得如何给爱情一个美好的距离。**

每个人心中
都有一个特别的朋友

有人说，暗恋的职责是沉默。有时候我会害怕当我们终于相恋，许多美丽的幻想也会随之破灭。因为我们是好朋友，我怕从此失去一个知己，又得不到一个情人。

——节选自张小娴《暗恋的职责是沉默》

也许有人会信，男女之间有纯洁的友情。但如若不是一方有着一些暧昧的情愫，这段“纯洁”的友情或许早已夭折了。男人，女人，本身就是两种生物。

张小娴说：人与人之间，到底是否有一种无形的约定？朋友之间、亲人之间、情侣之间、夫妻之间、上司与下属之间……我宁愿相信，人与人之间，是有许多美丽的约定的。（张小娴《单身男人不是双人床》）

或许，比好朋友还要好，却又不是恋人的关系，便是一种心照不宣的约定。可以在下班的时候一起吃晚饭，吃完晚饭可以一起看电影，看完电影男孩送女孩回家，但不会上楼。我们可以把一天当中最多的空闲留给对方，但却保持着默契的距离。因为害怕，太过亲密了反而会破坏了这种和谐共处的局面。为了不失去你，宁愿与你暧昧。比好朋友亲一点儿，但比恋人远一点儿。我们彼此有感觉，然而这种感觉不足以叫我们切实地发展一段正式的关系。**我们暧昧，但却不属于对方。**

曾经有那么一个人，不是你的情人，但似乎他比你的情人更关心你和了解你。他曾对你说：你是我非常重要的人。他会在一个晚上打电话来，特意提醒你服感冒药，叫你盖好被子早点儿睡。当你遇到问题解决不了的时候，你找不到你的男/女朋友，你第一个便会想起他。每当他提及他的另一半时，你会万箭穿心。

有时候，你搞不清楚自己对他，以及他对自己，是一种怎么样的感情。只是隐隐约约地感觉到，他似乎并不想改变目前的局面。你很想多走一步，但又怕会吓怕了他。你会很小心流露自己的感情。常常挣扎表不表白。你怕表白之后，你既得不到一个情人，却又失去了一个知心好友。

你不会无缘无故地找他，那样让你觉得不太自在。但你常会偷偷地上线，看他在不在，是否更新了什么。当他几天不在，你就会有些担心。你会经常揣摩他的话里话外，对你有没有什么暗示。见不到他时，你会挂念他。见到他，明明有些心跳却还装作若无其事。

别人以为你们在搞地下情时，你会沾沾自喜。别人问你们是否恋爱中，你张口结舌，却又不想就此否认。被逼无奈了，最后只有用一个“知己”两字打发掉朋友，然后一遍一遍地琢磨，这个定位是否准确。

蓝颜也好，红颜也好。我们相处得很好、我们欣赏着彼此、或许爱过、暧昧过、可最终没有在一起。虽然彼此没有承诺，可是我们对彼此付出的，或许比有承诺的情侣更多。没有责任，但却很渴望去为你承担，不问回报。

每个人这辈子，心中都有过这么一个特别的朋友。

但，张小娴说，**暧昧，是一扇门，你可以停留在门外，也可以踏进房子里面。然而不可以永远都站在门下面。**

恋人未满，是因为不具备成为恋人的条件。冲动给它加满，或许从此，不仅没有拥有一个甜蜜的恋人，却失去了一段比好朋友还要好的感情。

也许一开始不甘心只做朋友，但久了，会发现这样很好。宁愿这样关心彼此，好过在一起终有一天会彻底告别。我们不会成为路人，永远无所不谈；也不会彼此吃醋，因为知道，我们对彼此的关心，永远都不会离开。

人生有太多的无奈，现实有太多的限制。确认世间有这么一种情愫，介于友情和爱情之间，它是真正的不能说，一说就错，所以我们都选择了没有开始的永不结束。

有些许未来得及的告白，也许一开始你觉得是个遗憾，可是当有一天，身边的人来了又去，朋友们分了又合，合了又分，蓦然回首，身边的那个人，却一直都在。**那时，一个心照不宣的笑容，会把这份美好和感动长刻心中。**

Part 3

我们总是在不懂爱的时候，遇见爱情

欢天喜地的爱上了一个人，
花尽一切的心思来打扮自己，
身上一切，
看似不经意，
却是苦心经营，
希望他快乐。

他其实没那么喜欢你

爱情从来就不论胜负，它是一个过程而已，无所谓得失。如果不能相爱，我喜欢被宠爱和纵容。在永不可挽回的无常里，我渴望相信有一个男人会永无止尽地爱我。

——节选自张小娴《永无止尽的爱》

爱情开始的时候总免不了一些暧昧不明、若即若离、患得患失，恋爱尽皆如此。

爱情还未正式确立的时候，总是要玩一阵你进我退，你退我进的拉锯。因为，一旦爱上了，全给你看穿，也就没辙了。谁爱得更多，谁就被对方收服。从此，在两个人的爱情世界里，谁占主导，谁是被动，格局已定，无法更改了。

幸运的，度过了一段耐人寻味的暧昧期，顺当地开始了正式了恋爱。不幸的，就在一场耗心耗力的拉锯战中阵亡了。这样的结果，让人耿耿于怀。我们是如此计较输赢，以至于没有想过，**如果一个人爱你，并不会因为你赢了这一场爱的战争更爱你；而假若一个人不爱你，再多的技巧也无法令他真正爱上你。**

有一部美国电影，叫《He’s Just Not That Into You》（其实他没那么喜欢你）。

电影的开头，很有趣。

从非洲某部落的土著，到纽约高级餐厅里的白领，从体态富贵的中年妇人，到魔鬼身材的窈窕少女，世界上，几乎每一个角落里，都有女生在问：

为什么他没有给我打电话？为什么他不来找我？为什么他突然失去了联系？

然后，这样的女生身边，总有一群劝解她的死党好友。

好友总是说，“他这样做只是因为太爱你了”，“也许他害羞”，“也许他自卑”，“也许他不知道怎么联络你”，“相信我，他肯定是喜欢你的”……

女人们只想赶快让姐妹们笑起来，却很少想该怎么让她们清醒。

事实是，也许他只是不想找你。

电影说，如果一个男人真的喜欢你，他会动用一切力量去找到你，手机，e-mail，msn，google……

这已经不是石器时代了，真正喜欢你，即便经历海啸、洪水，即使你消失在人海，大海捞针他依然会找到你。

这部电影里，有一段台词：

那是名叫 Gigi 的女生，在误会一个男生喜欢她，然后表白之后发现是误会，被男生冷嘲热讽之后，说的一段话。Gigi 说：

我也许是太敏感太会小题大做，但至少那意味着我还在乎。

你以为用上这些所有能看透女生的规则你就赢了吗?

你也许不会再受伤，也不会再让自己出糗尴尬，但是你也永远不会再体会到那样的爱。你不是赢，是孤独。

也许，我做了很多很傻的事情，可是我知道，这样的我会比你更快找到那个对的人。

多好的一个女孩。她明白，**爱，是一个过程，并没有胜负可言。**爱从来都是飘忽不定的，越追寻越容易失去。爱如股票，付出和收获往往不成正比。

爱情里有博弈，但那不是战争。爱不是用来制约对方，也不是用来打败对方的。男女之间，并无高下之分，也无谁更优秀过谁，聪明过谁。这些都无关紧要，因为爱情中有的只是爱或不爱。

女性朋友之间，经常有一个感情经验比较丰富的一位，谆谆告诫其他的姐妹：一定要找一个爱你多过你爱他的人。

男人也大多认为，女人都是喜欢对方爱自己多一点儿。

但，张爱玲说：实际上，并不是每个女人都是这样的。有一些女人，她就喜欢爱对方多一点儿，她很享受去爱别人，她认为这是一种很精彩的感觉，要是对方爱他多一点儿，她反而不高兴。

所以，在这件事情上，没有男女之别。爱情从来就是不论胜负，

它是一个过程而已，无所谓得失。

许是都感受过爱情的伤害力，在遭遇爱情的时候，我们第一反应，并不是欢天喜地地想，终于有一个人可以让我爱了！而是，给自己留好后路，如何占据主导，如何驾驭甚至统治两人的关系，如何全身而退。

事实上，即便做好了万全之策，又会有什么分别？一旦爱上，就没有全身而退这一说。费尽再多的心机，无非是白费工夫。既然选择了爱，就做好受伤的准备。至于过程，不如好好享受，太过计较地位格局，无非是给这个过程增添一份纠结而已。

像电影中名叫 Gigi 的女生一样，爱了就投入地去爱一场。天平倾斜的时候，两个人，不要去争执感情砝码的轻重。谁又能说爱得深爱得多的那个人就是输家呢？反而，投入感情最深最真的那一个比较幸福。因为她爱得真实，爱得彻底。在这一场关于幸福的体验中，爱的，比不爱的，要得到更多。

爱情是享受的那份美好的过程。过程享受了，结果如何又何必计较？如果不得不分开，也彼此道一声珍重。在未来的日子里所有的过往也会成为你温馨的回忆。

我们总是在
不懂爱的时候，遇见爱情

爱情最美好的时光，是患得患失的阶段。我们说爱情有多么地动人，它最动人的，却是还没有真正开始的时候。一旦开始了，便永远离开了那些不确定的快乐。

——节选自张小娴《相逢》

那一天，你遇到了一个人。

也许看了他一眼后，你就记住了这个人。

后来你喜欢上了他，像所有被丘比特的箭射中的人一样，整日思念着他。

再后来你们在一起了，又像所有恋爱中的男女一样，甜甜蜜蜜地腻在一起，恨不得永远都不分开。

可是后来，忽然有一天，你发现你一直深爱的那个人似乎变得不那么重要了。

你甚至怀疑自己是真的爱他吗？

后来你竟然可以无视他的存在，几乎拿他当个陌生人。

你们还是牵着手在街上逛，可是两个人的心却朝着不同的方向。

你们很少会拥抱，或者根本就不拥抱。

你们躺在一张床上，你还是把他抱在怀里，可那不是出于爱，而是出于习惯。

你不断地想起从前那些美好时光，你想，如果时间能够停留在那一刻该有多好?

你想，不如我们重新来过?

很可悲，爱情没有重来。爱情就像一个女人，当它老去的时候，美丽的容颜会被哀伤的神情取代。**爱情，开始的时候也正是它走向衰老的时候。而，它最动人的时刻，永远是还未真正开始的时候。**

你知道他喜欢你，你也喜欢他。打情骂俏，彼此试探的阶段，每一天都充满期待，而又无限回味。热恋的阶段当然也是十分甜美的。只是却没有那么耐人寻味了，而且似乎我们都知道，热恋一过，爱情的甜美，就像留着些许残渣的盘子，很快就会被舔噬殆尽了。

当感情稳定了，我们总是会怀念“窗户纸”还没被捅破的那一段时光。即使，当我们分手了，若干年后再回味，往往我们想到的，也是当初那最开始的时候。而不是热恋，或者平淡地相处。

张小娴说 :“我们说爱情有多么地动人，它最动人的，却是还

没有真正开始的时候。一旦开始了，便永远离开了那些不确定的快乐。”（张小娴《相逢》）

那时的我们，偶尔说几句话，大多时候很安静，却各自带着笑意。刻意保持着不亲昵却不远的暧昧距离，慢吞吞地走着。那种滋味，多年后再回想，嘴角依然会扬起弧度。

当你懂得，爱情最美的是最初的模样，许多时候，宁愿选择等待，也不愿轻易开始。李敖说，爱情应该是在最好的时候结束。或许是个悲剧，可流传千古的动人爱情几乎都是这样：罗密欧与朱丽叶，梁山伯与祝英台。而经久不衰的童话故事都是一样的结尾：从此，公主和王子过上了幸福的生活，至于他们是如何幸福的，只有让读者自己去想象了……

爱情，在最美的时候，戛然而止，没有什么不好。只是，我们总是在最不懂爱情的时候，遇到最美的爱情。我们总是急切地想要开始，然后无力地结束。当每个人都有一个想念理由回忆时光，才发现爱情最美的是等候。

《我在云上爱你》中，活泼开朗的16岁高中女生维妮，在开学前，听到与自己一起打工的女友说起了一个叫大熊的男生的故事，没想到，这个懒散纯真、什么都不懂的男生在开学一个星期后转到了她的学校，并且来到了她的班级。从此，维妮慢慢地发现自己爱上了这个懵懂无知的男生，维妮想尽一切浪漫的方法，使大熊成为自己的男友。在会考前夕，维妮希望两个人一起升入大学。然而会考结果却是大熊拿到了录取通知书，维妮却落榜了……初恋的爱就是很傻气，常会有莫名的嫉妒、莫名的多愁善感和莫名其妙的在乎。而羽翼未丰的男生太木，根本不懂得爱情，当和他处于暧昧的状态中时，会很容易胡思乱想，容易受伤，容易退却。

“因为他不懂，所以你就从来没有喜欢过他。”这句话完完全全地刻画出了暧昧的爱情和少女情怀。暧昧就是这么一种让人幻想，令人脸红心跳，又惊喜又向往的东西。

只有少年人，才能把爱情里的浪漫和暧昧情愫，品尝得那么淋漓尽致。当我们长大了，或许背上了工作、生活中的沉重包袱，虽然已没有那么多的时间和心思去细细品尝，但仍然感念，曾在最美的年华里遇到你，不问结果，不求同行，仅仅是让我遇到你，已是值得珍藏的记忆了。

还记得，那时的我，眼睛无法从你身上移开，世界上最美的一切都在你身上反射出光芒，那种感觉美妙极了。

或者，我还渴望，能再遇到一个人，你不知道我的底牌、我不晓得你的底细，我不确定你抛过来的那个眼光叫作情有独钟还是无可奈何，你不停猜测，我给的是暧昧暗示还是不耐烦的拒绝。**我们小心翼翼地靠近，又小心翼翼地保持着距离，那个距离既长又短，让人期待又害怕伤害。**

不必急于表白，我们一起，好好享受爱情里面最美的这一段时光。

我不想改变身份，因为当想要得到更多的时候，我会失去更多。宁愿做你心里的一根刺，当你记起我美丽的模样，这根刺就会让你感觉到微微的疼痛。

或许，那只是梦想罢了。人是贪婪的动物，如张小娴所说，**不管有没有结果，我还是宁愿和你开始，因为我更想知道和你相爱的滋味。**

那么，爱情，可不可以在最美的时候落幕？

每段青春都会苍老，
但我希望记忆里的你一直都好

承诺是珍贵的，不要轻易付出。如果深爱一个人，有没有承诺根本是没有分别的。即使没有承诺，过的日子也像有承诺一般。

——张小娴《思念里的流浪狗》

宁愿暧昧，也不要轻易说爱。因为我可能会做出些疯狂的事，比如说相信你。

承诺本来就是男人与女人的一场角力，有时皆大欢喜，大部分情况却是两败俱伤。

那个说永远不会离开我的人，却离开了；那个说永远爱我的人，却牵了别人的手。爱，不要轻易承诺，一旦不能兑现，那是更大的伤害。你说，不愿让我一个人，你真的能做到吗？

张小娴说："如果没有很大把握，又或者没有坚定的信念，请不要说太长久的承诺。承诺只是偶然兑现的谎言。"

喜欢也好，暧昧也罢，都是一种美好的感觉，可以感受到幸福的存在。但是，喜欢，请不要轻易说出来。

虽然在表达的那一刻，无论是说的人，还是听的人，都没有人会怀疑你的真心。只是你和TA都不知道，这一秒的真心能够持续多长时间？我们说，爱一个人，就要大声地说出来。爱，应该要勇于表达。有时候，我们自己也会强烈地感觉到，对一个人的满心爱意，再不表达就要溢出来。

问题在于，爱一个人的时候，我们总是不用隐藏；而不爱一个人的时候，却总是迟迟不忍说出口的。如此，一个因你的承诺而放心地爱上你的人，却不知道你的感情已经在悄悄地发生改变了。TA还继续像个傻子一样，痴痴地爱着你。

那对你来说，何尝不是一种负担？不如把想说的，默默地埋藏在心底。用时间能证明你的爱，不是皆大欢喜。

柏拉图说，**若爱，请深爱；如果不爱，请离开。**

每个人的生命中都有很多的人贯穿于自己的旅程，总有难忘的风景会让人流连忘返，你会为之感叹，激动，愉悦，哭泣，甚至后悔。然而，最终那些人还是匆匆而过了，犹如一阵风，吹过后连最后的痕迹也留不下。

不要轻易说爱，也不要假装对我好，我很傻，会当真的。我更害怕痛过之后就不会觉得痛了，有的只会是一颗冷漠的心。对于感情的戏，我没演技。我情愿一个人习惯，习惯难受，习惯思念，习惯等你。即使回得了过去，却再也过不到最初。有些事一转身就是一辈子，一座城，一生的心疼。

有些人永远都不会知道，他的一句话，我会记得很久。他的一个不以为意的承诺，我却苦苦守候。而时间终会证明那只是一句不能兑现的谎言。终于让我，前一秒，还怀着满心期望，象被推上高高的天空，而下一秒，满心的失望，象从高空狠狠坠落。

我们只是过客。如果有一天你要远离，至少我还会学会感谢，感谢你没有对我说“你喜欢我”。因为那样，我不会让自己感觉害怕。有些人在自己的生命里，原来是可以游刃有余地穿梭，因为，没有沉重，没有过多的要求，没有很无望地奢求、承诺……淡淡地，好好地，能守着，就好！

不要让我在你厌倦的时候，还期待着你会说：我爱你。不要让我，再也不敢相信别人。

人生最遗憾的，莫过于轻易地放弃了不该放弃的，固执地坚持了不该坚持的。我以为小鸟飞不过沧海，是因为小鸟没有飞过沧海的勇气，十年以后我才发现，不是小鸟飞不过去，而是沧海的那一头，早已没有了等待。

一旦说了，也请你学会负责。不要什么都没做，什么都不付出，就对别人说喜欢。我会默默地做很多事情，不让你知道。如果没找到打开对方心门的钥匙，那么你就没有说爱我的资格。

有些话，一辈子只能对一个人说。爱，可以给人带来幸福，也可以给人带来伤害。爱要用时间去证明。

有些人不经意地出现，意外地给你惊喜，你以为他就是你生命中的神，可以拯救心灵干渴的你，其实我们能给予彼此的，能互相拥有的，只是一种短暂的感觉，等到花开花落，爱情不再那么苛刻时，才会明白，我们的时间，永远在经历中慢慢流失，只有回忆是最永恒的……

张小娴说，**你不了解一个人，还可以爱他；我现在才了解，你不爱一个人，还可以思念他。**

但你的一句喜欢，可能会让别人惦念很久，也可能会被抛之脑后。不论哪一种，都曾经存在过，后者还好，前者对对方未尝不是一种骚扰。

这就是爱情，
希望你不要太介意

人在得不到的时候，什么都可以不介意。得到之后，什么都有点儿介意。爱情会变是常情。它经不住时间的摧残，它始终会变暗淡而破碎。这就是爱情，希望你不要太介意。

——节选自张小娴《希望你不要太介意》

世界变化太快，未来永远不可预知。新旧更替，或增或减，我甚至不清楚自己将来会变成什么样，又如何知道你会怎样变化呢？

瞬间，我似乎看到远处的海面上有几只小船正在迎风挣扎，不知它们会漂向何方，是否安全，但我感觉到一场大风，或一卷海浪，就可能让它们藏身鱼腹，永远在这个世界上消失。

生命是多么微弱，多么不堪一击！爱情，又是多么脆弱！

可是我会顽强地走下去。你会吗？**你会陪我一直走下去，与我一起接受大风，或者海浪的考验，至少为我撑起半边天吗？**

一个二十岁的女孩子爱上一个比她大十八岁，离过婚，还有两个孩子的男人。但仅仅在一起 4 个月，他就提出分手了。分手的时候，他说还是朋友。然而，当她失意的时候联系他，他却说还是不要再联络了。（张小娴《单身男人不是双人床》）

爱情里的悲欢离合，我们看的太多。似乎一夜之间，过去的一切都被推翻了。身边开始冒出各种朋友，跟你说："他是个骗子！""你们其实真的不合适。"……连你自己都恍惚了，难道过去的一切都是错觉？难道他就没有真心爱过我？

其实，不用那么纠结。爱过，只是后来不爱了。

爱情在现实生活不一定是可靠的，它是不断在变的，正如我们在人生每个阶段都会有转变。情意也会转变。一段感情里，往往会有三个转变：我要你——我要一点儿空间——我要我自己。**感情的消逝就是从"我要你"走到"我要我自己"。无论男女，周而复始。在残酷的现实面前，爱情很脆弱。**

热恋的时候，我们总会问："亲爱的，你会不会永远这么爱我？"

他会宠溺地捏捏你的脸，说："傻瓜，你说呢？当然会啊！"然后，两个人都甜蜜地笑了。再回首那一刻，是否觉得很天真呢？我们都喜欢"永远"这个词，所以求婚的时候必须要有钻戒。只有足够坚固的钻石，才能代表我们的爱情够长久，够坚定。

其实，那只不过是自欺欺人的谎话罢了，或者我们明知是个谎话，也愿意相信。不然，人生岂不是太悲哀了么。当我们牵手的时候，如果知道也许熬不过几年，就要分手，那还有兴趣一起走着几年么？

张小娴说：**“什么都有用完的一天，太阳会用完，空气会用完，燃料会用完，精力会用完，耐性会用完，斗志会用完，爱情又凭什么不会用完呢？”**（选自张小娴《你会爱我多久》）

这个世界变化太快，娱乐圈的金童玉女，曾经的浓情蜜意仍然历历在目，却在大家以为他们要幸福地走下去的时候，突然发布了分手声明，劳燕分飞。

有些人把爱挂在嘴边，有些人把爱埋在心底，有些人说的爱纯粹是个字眼儿，有些人不说爱却付出了全部真心。

什么是爱，什么是永远？也许一切都不算数。让我们以为时间可以证明爱情，到头来，时间却只是推翻了爱情。

男人会因为一个女人美丽性感而去追求她，但却不一定会和她结婚。女人会为成熟稳重充满魅力的男人倾倒，但往往要嫁，还是要嫁一个老实安分点儿的男人。因为大家都担心，漂亮的人会因为诱惑而变心。

在爱情里，我们都希望就这么一直走下去，让时间停留在这一刻。我们最害怕发生的，就是改变。

但实际上，即使两个人都安分，仍然阻挡不了爱情的改变。两个不同的人，在各自不同的人生中，因为不同的际遇发生了不同的变化，对彼此的感情和看法也随着自己的成长而不断地改变。无论你愿不愿意，改变，是必然的。

我们并不如想象中那么了解自己，也没有未卜先知的能力。正如孙燕姿的《遇见》里唱的：我遇见谁会有怎么的对白……或许是一个意外……

我们能做到，可能只是，当别人不爱你的时候，你还可以爱自己。仅此而已。

有些温暖只来过
一下子，你却怀念一辈子

你会毫无预兆地喜欢一个人，或毫无理由地不喜欢一个人，但你会一辈子怀念喜欢了某个人的那个瞬间……

——节选自张小娴《喜欢一个人》

有一部电影叫《假装爱情》。一个被爱情伤害的女孩，一个在商场上拼命打拼的男人！两个没有爱情的人！没有目的性地偶然相遇！于是开始假装情侣，仅仅享受爱情中间那段美好。

世间的女子，无论被爱情伤得如何走投无路，当有一天伤口被时间抚平，仍会不由自主地再开始一段爱情。因为，我们需要爱情。

再怎么穷凶极恶的一个人，心中都有爱的种子。当我们来到人世，爱就开始在心中发芽。我们的灵魂中，就注定有圆满的欲望；我们身心，就必然有爱的需求。

爱情总是来得让人毫无准备，当某一天丘比特的箭射中了你，就毫无理由地爱上了一个和你一起被射中的人。

爱情的奇妙滋味，正在于此吧！

又或许，和讨厌一样，这个世界上是有很多事是不需要理由的。比如天空的颜色和大海的温度，比如夏夜晚风里面刻着的那种感觉，又或者是喜欢上突然出现的某个人，然后不知不觉地丢了某个人，比如一个人穿过几个城市去看一场演唱会陪着台上的五个人一起淋雨，比如恍然间出现的一些情绪和思念。

有人说，爱上一座城，是因为城中住着某个喜欢的人。其实不然，爱上一座城，也许是为城里的一道生动风景，为一段青梅往事，为一座熟悉老宅。就像爱上一个人，没有前因，不顾后果，只是爱。一个笑容就可以倾心。

热恋的男女，总是喜欢问，为什么你会喜欢我？你喜欢我什么？从何时开始喜欢我？

说不上从何时开始，也说不上是怎样的喜欢，唯一可以确定的是，我喜欢你，没有那么多的为什么。

爱情多么美好，只可惜它总是难以为继。张小娴说，不知道什么样的爱情是最美的。是至死不渝的爱情，是执子之手与子携老的爱情，还是曾经轰轰烈烈，经历过风风雨雨，最终走到一起的爱情？一路走过，看过那么多人经历爱情，路过爱情，享受爱情，逃避爱情。才发现，有一种爱经不起等待，有一种爱经不起伤害。

在这个世界上，有很多的事情会不尽如人意。但无论如何，爱情是人类永远的主题；伤害，也许不是让我们放弃爱情，而是让我们养成极好的爱情心态，享受，但不要迷恋！

万物因爱而生，而互为滋长。印度最古老的经书《梨俱吠陀》129颂中歌道：“爱，这是精神的基原和胚芽，凭借爱冥思求索之仙人，在无存中揭示存在之关联。

享受爱情，是件很美好的事。

张小娴在《单身男人不是双人床》里写：

有一个女孩子说，和男友在一起，觉得自己好像被他捧在掌心里爱着一样。

在周杰伦为优乐美奶茶表演的广告里，也有一句台词：“你是我的优乐美，这样我就可以把你捧在手心。”男人疼爱一个女人，就是会把她捧在手心的吧。

而一个女人爱一个男人，往往会萌生出一股母爱。在他失意的时候，张开温暖的怀抱，拥抱他。当他躺在你的怀抱里哭泣的时候，你并不会觉得他丢脸。反而会很安慰。会因为给心爱的男人提供了一个温暖的港湾而觉得骄傲。

而男人，往往在表达对家庭、对妻子的爱的时候，经常会说：

“你是我的避风港。”

张小娴说，“什么是爱情？也许就是你知道有一个地方可以去。”

有地方可以去。爱情让我们的心灵暂时有所归依。这何尝不是一件好事。虽然它会在不经意的时候消失，但至少，它来过。你们会永远记住，彼此掌心和怀抱的温度。有些温暖只来过一下子，却让人怀念一辈子。

去爱吧，像没有受过伤一样。不要因为它太短暂而拒绝，它给你的痛，迟早会烟消云散。它的好，却让你温暖一生。一个不孤单的人生是需要勇气的。

去爱吧，
就像不曾受过伤一样

当你爱一个人的时候，尽情去爱吧，也让他知道你是如此爱他。也许有一天，当你长大了，受过太多的伤，失望太多，思虑也多了，你再也不会那么炽烈地爱一个人。人生的欢快，就是尽责、尽兴、尽情。

——节选自张小娴《尽情的权利》

有一位叫艾佛列德·德索萨的神父，他有一首诗：

去爱吧，就像不曾受过伤一样
跳舞吧，像没有人会欣赏一样
唱歌吧，像没有人会聆听一样
干活吧，像是不需要金钱一样
生活吧，就像今天是末日一样

他也有一句名言：**幸福是一段旅程。**他说："长期以来，我都觉得生活——真正的生活似乎即将开始。可是总会遇到某种障碍，如得先完成一些事情。没做完的工作，要奉献的时间，该付的债，等等。之后生活才会开始。最后我醒悟过来了，这些障碍本身就是我的生活。”这一观点让我意识到没有什么通往幸福的道路。幸福本身就是路。所以，珍惜你拥有的每一刻，且记住时不我待，不要再做所谓的等待——等你上完学，等你再回到学校；等你结婚或离婚；等你有了孩子或孩子长大离开家；等你开始工作或等你退休；等你有了新车或新房；等春天来临；等你有幸再来世上走一遭才明白此时此刻最应快乐……

爱情如是。

如今的年轻男女，最多的时间都花在为工作、为事业的忙碌上。越来越没有时间去谈“没有结果”的恋爱。所以涌现出了许多相亲的节目和婚介公司。有些还做得非常声势浩大。亲友之间也非常热衷于为未婚的同志当红娘。在这个过程中，有一个标准被用得最多，就是“合适”。

什么是合适？世俗上的概念，无非是，可以走到结婚那一步。

爱情如果是以结果为导向，那么注定悲剧要远远多过于喜剧。因为我们往往会把结局想得过分美好，对一个 happy ending 有着过分地期待。而爱情的变幻莫测又岂是可以预料的？当一个沮丧的结局出现时，打击也会过分猛烈些。

当然一旦爱上了，总是难免有些美好的希望的。只是，或许我们也可以想想坏的结局。

张小娴说："知道了最坏的结局，那么，我们还有很多路可以走。当那一天来临，我们不会太伤心。"

爱情是不可以以结果为导向的。相亲或许可以，但要谈恋爱，还是以过程为导向吧。爱情会和所有有生命的东西一样，有生长，有死亡。如果非要一个结局，那么所有的爱，都通往"不爱"——总有一天，爱会消逝。"把每天当成是末日来相爱"，才是恋爱的最好心态。

因为，张小娴也说："**爱情最美丽的是过程，而非结局。**"（张小娴《思念里的流浪狗》）

生命的快乐，就在于尽情地释放你的激情。想爱就爱个汹涌澎湃，恨就恨个铭心刻骨，何尝不是一种快意人生。

浪漫主义时期的法国女作家乔治·桑最懂这一点。她说过："活着，真令人陶醉！爱，被爱，就是幸福！"她的那些情人们，于勒懦弱懒惰，缪塞任性放荡，肖邦则嫉妒敏感、过分挑剔，而乔治·桑对就像个老母鸡一般呵护着他们。她总是在爱，并在这个过程中体验幸福的真谛。

张小娴说，当你想念一个人的时候，尽情去想念吧，也许有一天，你再也不会如此想念他了。到了那一天，你会想念曾经那么想念一个人的滋味。当你爱一个人的时候，尽情去爱吧，也让他知道你是如此爱他。也许有一天，当你长大了，受过太多的伤，失望太多，思虑也多了，你再也不会那么炽烈地爱一个人。

是啊，乔治·桑这样的女人毕竟是少数，大多数人的一生中，不会出现那么多位情人和爱侣，甚至有些人活到白发苍苍，竟不知爱情是何滋味。

爱情，有其特定的功能。这个功能就是为了幸福。在这个意义上，爱情就是作为毕生追求幸福的“过程”而出现的。

所以，当你拥有爱情的时候，请尽量去珍惜它，学着去明白它跟一切无常的东西一样，是会消逝的；唯有两个人都知道珍惜的时候，它才会停留，而我们飞渡。只要活得比它长命，看不到它离开，那就是赢，那就是永远。

柏拉图的《会饮》中说：“因为有了善的东西，幸福的人就是幸福的。”而刘墉说：“真爱是过程，而不是目的。**一个未能完成或无法完成的故事；也许是一个缺憾，但也可光华美丽。**”

真爱的承诺，需要未来去验证

每一段爱情，都要经历期盼和失落，犹豫和肯定，微笑和心碎。笑着笑着就哭了，哭着哭着就笑了，恋爱就是这样吧？哭泣不要紧，只要曾经微笑，事后又思念，那么，你还是爱着这个人，然后再创造。没有一种爱是不需要反复验证的。

——节选自张小娴《思念里的流浪狗》

有一个在外企工作的北漂女孩，我们相识有四年了。四年来，她也许是孤单的，但她并不是一个人，因为她有一个男朋友在美国工作。

时间回溯到四年前，这个女孩刚进一家外企公司任 HR，然后一见钟情了现在的男朋友，两个人从相识、到相知、到相恋，可谓一帆风顺。但真正的考验其实在后面。

一年后，女孩的男朋友留学美国，因为那边有很好的工作，于是便留在了美国工作。

故事讲到这里，他们两个人的结局似乎只有分手这一条路可走了。

但事实是，他们坚持下来了——女孩为了赶上男孩的步伐，她花十二倍于别人的心血努力地工作，她的生活除了工作就是工作。终于，她的努力和认真得到了公司上下的一致称赞，她得到了去美国分公司任 HR 的机会。

三年的时间里，他们俩只真正见过两次，但坚持每天视频聊天儿，各自聊一聊自己工作上的事儿，生活上的事儿。现在，他们俩已经在美国注册结婚了。他们的爱情，极好地反击了“爱情经不住时间和距离的考验”这句话。

同样是身边的例子：男的有才，女的有貌。为了追求到心爱的人，男方真的是千方百计，甚至还违背父母亲人的意思，执意要取女方为妻，因为女方要比男方大 6 岁，这对于 20 世纪 60 年代的人来说，女方比男方大 6 岁，确实算不上一对完美的伴侣，所以得到了家长的极力反对。但是，男方非此女不娶的坚决心态最终打动了双方的家长，两人终于历经磨难如愿在一起了。

遗憾的是，历经磨难的爱情，结局却往往没我们想象中的完美。二十多年过去了，因为其中一方的背叛，这一段曾经轰轰烈烈的爱情最终却以双方誓言从此不相往来而画上句号。

爱情就是这样，过程也许惊心动魄，结局却往往出人意料。的确，在爱情这条道路上，会有多少事情在阻碍着爱情的发生与发展？

张小娴说：“**每一段爱情，都要经历期盼和失落，犹豫和肯定，微笑和心碎。**笑着笑着就哭了，哭着哭着就笑了，恋爱就是这样吧？哭泣不要紧，只要曾经微笑，事后又思念，那么，你还是爱着这个人，然后再创造。没有一种爱是不需要反复验证的。”

是啊，生活中，又有哪一段爱情不是需要历经考验的？我们反过来想一想，不经过考验的爱情，我们又怎么知道它就是真正的爱情？

距离和时间的考验，只不过是爱情考验的其中之二而已。但即使只是这两道考验，无数的爱情便已然灰飞烟灭。

真金不怕火炼，真爱不怕考验。是啊，就像我讲的第一个故事中的男女主角一样，他们彼此是真的深深地认为，对方就是他（她）认定的那个人。即使距离阻碍了他们的爱情，那就想尽办法拉近心灵的距离，让彼此更加熟悉；有了时间的阻碍，那就让绵延的思念为彼此之间的真爱更添一层意蕴和时间的厚度。

都说爱情掺杂了任何的代价都是对爱的一种亵渎，时间、距离、彼此的深入了解、平凡琐碎生活的打磨以及各种未知的阻碍因素，都会帮我们来验证，我们彼此之间的爱情，是不是真爱，能不能彼此“执子之手，与子偕老”？

经过时间的沉淀，这些阻碍，会告诉我们答案，也让我们明白，谁才是今生最值得珍惜和等待的人。

爱的世界，
从来没有输赢

报复有时候是一种调情，爱是幸福的，报复却是孤单的，我不希望我擅长的是后者。

——节选自张小娴《永不永不说再见》

张小娴的散文《永不永不说再见》里有一篇文章叫“一种调情”，我读完后印象很深——“曾经有人说，女人最擅长的是爱和报复。”

爱与报复，爱与恨，对女人来说，都是一种感情到了极致的表现。

都说女人是一种复杂的动物，因为“女人心，海底针”，她们的心思从来都难以捉摸，因为她们说话从来都是口不对心，而且永远也不会给你正确的答案，说“是”的时候，也许就是“是”，但很有可能也许就“不是”。

就拿女人口中出现频率仅次于“我爱你”的“我恨你”来说，这句话其实就是一句标准的反语，它的潜台词很有可能就是“我还爱着你”，而且爱得无法自拔！

同样的道理，对女人来说，报复其实也是对男人的一种调情方式。爱与恨，就好比一枚硬币的正反两面，无论是爱一个人，还是恨一个人，都说明了一个道理——他（她）很在意她（他）。如果一个女人真的不爱你了，那她会连话都懒得跟你说，连一个关注的眼神都不会给你，而是会直接走开，留给你一个渐行渐远的背影。

彻底地冷漠、漠视对方，这就是女人给予男人最严厉的惩罚。

但是世间偏偏就有这样的女人，喜欢用自己一辈子的幸福和青春来报复一个不爱自己的男人，报复一段不圆满的爱情。只为了告诉那个男人——你很爱很爱他，为了得到他的爱，你付出什么都乐意。

碰到这样的女人，我真想奉劝一句——何苦来哉？最后你又得到了什么？既赔上了大好的青春，还过得不快乐。

只为了通过这样的方式来让一个不爱自己的男人关注自己，值得吗？关键是他会因为你这样而回到你的身边吗？

不会！相比女人的感性，男人这种动物太过理性、太过聪明，如果不爱，女人的眼泪、女人的等待，甚至是报复，在他们眼里，就像是“小孩子为了得到一块糖而使的小手段而已”，他们是不会在意、不会“上当”的。

张小娴说：**“爱是幸福的，报复却是孤单的，我不希望我擅长的是后者。”**是啊，与其花时间去报复一个坏男人、一个不爱自己的男人，倒不如将这时间用来寻找一段全新的感情，一个彻底爱自己，会全心全意呵护自己的好男人。

况且，在报复的世界里，从来就没有所谓的赢家，结局只会是两败俱伤。因为爱的对错，从来就没有输赢可言。

所以啊，亲爱的朋友，爱情过后，并不只有恨这一条路可以选的。报复只是重温自己的痛苦而已，如果你选择了报复这一条道路，那便意味着选择了一条不断重复痛苦的人生之路。这可真是不划算的选择！

其实，你可以选择活出精彩，活得比之前更幸福、更潇洒快乐，活得比跟他在一起的日子更富足、更漂亮，这便是你对他最大、最精彩、最残忍的报复。

待时间抚平你内心的创伤，而你，也已经彻底忘记了那个曾经狠狠伤过你的他，而且活得比之前更幸福了的时候，回首来时路，你会发现，曾经的伤与痛，并没有想象中的那么难以愈合；曾经想要报复的冲动，也不过是一时的冲动而已，往往在过了一段日子之后，你已经对那个人毫无感觉了。

留给对方一个坚强的背影，这才是真正划过对方心尖，让他最后记住你的方式，当然，这也是最好的报复方式。

不过，但愿你永远也用不到。

细节可以
打败爱情，这是真的

当你爱一个人的时候，你可以用爱包容他的一切。然而，当你不再爱一个人的时候，你会把他所有的缺点和坏习惯放大、放大、再放大，大到罪无可恕的地步。

——节选自张小娴《流浪的面包树》

相传，美籍华人作家严歌苓每天下午三点前写作完，都要换上漂亮衣服，化好妆，静候丈夫的归来。理由是——“你要是爱丈夫，就不能吃得走形，不能肌肉松懈，不能脸容憔悴，这是爱的纪律。否则就是对他的不尊重，对爱的不尊重。”

也有人说，世间应该没有一个人，见过宋美龄没化妆的样子。确实，我们所见到的宋美龄（当然是照片里的），时刻都那么地光彩照人、美丽夺目，即便是在晚年的时候，也依旧唇红齿白。

再来分享一条八卦，据说，李敖和他的妻子离婚的理由很简单——他不小心看到了妻子在卫生间便秘时那难看的一幕，满脸憋得通红。平时再美丽逼人，也被那一刻的丑相给冲淡遮掩了。这一幕，李敖时时想起，时时别扭，最终无法忍受，便提出了离婚。

看起来很荒诞的一个理由，但却让我们看到了一个事实——**爱情，就这样败给了细节，败给了生活！**

张小娴说：**“爱情往往不是败于大是大非之下，而是流逝于微小的生活里。”**三毛也说过类似的话，“爱情，如果不落实到穿衣、吃饭、数钱、睡觉这些实实在在的生活里去，是不容易天长地久的。”

确实，琐碎、细碎，平凡、平淡，都是爱情所不能容忍的。对爱情来说，无论是在婚前还是婚后，其实永远都处于一种未完成的时态，一句承诺、一纸婚书，并不久意味着爱情从此有了万无一失的保障。

因为爱情是要时时更新的，它更多的时候是一种冲动，它的本质就是变化无常、狂热冲动、忽冷忽热、浪漫幻想，所以才会相爱容易，相守难。

大多数时候，爱情是优雅浪漫的，所以才让人沉醉其中不愿醒来。

但生活不同，它不光有柴米油盐酱醋茶的琐碎，甚至还会有很多的不雅——随着时间而暴露出来的一些缺点，因为习惯而互相隐藏和掩饰的一些不足等等。可以说，生活跟优雅浪漫是南辕北辙的。

两个人可以用几年的时间，彼此试着接近、了解，然后可以冲破许多困难和障碍，义无反顾地走在一起。然后，**当两个人最终在一起的时候，才会发现，爱情真的不如想象中的美好，它虽然浪漫，但是也脱离不了生活的实际和琐碎。**

平凡的日子里，固然也可以制造出浪漫的情趣，但却是不是一件易事，试想想，每天上完班回家，一身疲劳，谁还会有精力去玩浪漫？谁还会耐着性子去容忍对方的不足？谁还会委屈自己去装得很完美的样子，只为了在对方心中留下一个完美的恋人形象？

那样想想都太累了。

所以生活中，多数情况是这样的：带着一脸的疲惫回家，放了包、脱了衣服，往沙发上一扔，连话也不想说，更别说花心思去甜言蜜语、玩浪漫了。还是闭着眼睛养会儿神来得实在舒服。

生活，把一切美好都打碎了。于是，很多人用了很多年时间才让彼此走在一起，却用了不到一天的时间，各奔东西。

两个相爱的人要走在一起，可以找出成千上万个理由来；但是两个人的分开，理由却永远只有一个——不合适。可是，如果不合适，为什么当时会用那么长的时间来证明彼此是适合在一起，是适合共度终身的？说到底，两个人的分开，不是因为不合适，而是因为生活的琐碎，彻底地冲淡了爱的感觉，爱，难以为继了。**因为生**

活的琐碎，因为生活的各种累，彼此不知道怎么继续爱了。彼此相爱着，却又找不到更好的相爱的办法，这是生活带给我们的难题，我们被困其中，无法自救，更无法相爱，只能选择彼此伤害。

我们因为爱情而生活在一起，但是在一起之后，生活又赋予了爱情更多的责任、更多的纠纷、更多的无奈何更多的伤感，于是，很多人爱着爱着爱不动了，人也倦了，爱也淡了，爱的终点也到来了！

所以说，到底是，爱情败给了生活，败给了生活中微小的细节！

所有我们爱过的人，都是我们自己的一面镜子

我们从来不曾为某个人改变，我们只是遇上一个让我们更认识自己的人，所有我们爱过的人，都是我们自己的一面镜子……

——节选自张小娴《永不永不说再见》

“每天晚上睡觉前要有晚安吻，出门前要有早安吻。”

“饭前要洗手，饭后也要洗手！”

“作息要规律，下班后，回家时间不能超过 8 点。早上 6 点起床，晚上 10 点准时睡觉。”

“上床前，每天必须洗脚。”

“我负责做饭，你负责洗碗；我洗衣服，你拖地。”

“不准抽烟、不准喝酒、不准随便乱瞄。”

…………

“改造男人”是大多数女人的共同嗜好，改造的内容包罗万象，囊括衣食住行，有的女人甚至恨不得连男人的一举一动、一颦一笑都一手掌控。

女人们总喜欢按照自己的意愿和想象来改造看似“属于”自己的男人，依此来证明，这个男人爱自己的程度，心甘情愿接受改造工程，那理所当然便被视为爱；有所反抗，就会被质疑爱的真意。所以**女人们为了证明爱，为了获得爱的安全感，总是费尽心机、磨破嘴皮、软硬兼施、招数用尽地改造着自己的男人。**

但是，改造的结果又如何呢？很明显，收效甚微。

比如抽烟喝酒，生活中，热衷于改造的女人们几乎没有不在这方面下过狠功夫的，但有几个男人真正为了女人而彻底戒了烟酒的？事实是，男人们依旧抽着他们的烟，喝着他们的酒，侃着他们的大山。

女人们努力地改造着男人，男人们努力地阳奉阴违着。

这是女人对男人的改造，再来说说女人对自己的改造。

“你到底不爱我哪一点，我改还不行吗？”这也是在感情世界里出现频率比较高的一句话。当你爱他，他不爱你的时候，很多人下意识的反应就是——自我改变，而且是按照对方的意愿来改造自己。

且不说，改造自己是否就一定能得到对方的爱。其实我想说的是，**改造过的自己，那还是原来的自己吗？**更何况，“江山易改，本性难移”，改造自己的本性，是否真的就这么容易？曾有人说，女人征服男人，就等于征服了整个世界，因为男人就是她的世界。为了得到那片理想中的完美世界，女人们千方百计地改造自己，以便让自己更容易地融入到那个世界中去。但亲爱的，改造过后的自己，那是谁呢？原来的你、改造过后的你，哪一个才是真正的自己？**如果连真正的自己都丢失了，那爱人从何谈起，爱己更从何谈起？**

爱情更多的时候，其实是一件易碎品，而男人、女人们就像是一件件瓷器。如果瓷器上有一块疙瘩，谁看着都会想把它打磨平整了。这是人之常情，但打磨瓷器的结果却可能是：疙瘩没有打平，瓷器却先碎了。这就是生活中的爱情。

除非一个人真的想改变，否则你是永远也别想让他真正改变。张小娴说："我们从来不曾为某个人改变，我们只是遇上一个让我们更认识自己的人，所有我们爱过的人，都是我们自己的一面镜子……"是啊，其实我们从来就未曾为某个人改变过什么，所谓的改变，只不过是对方让我们认识到了一个新的、未知的自己，给了我们一个自我完善的契机和提醒而已。

真正的爱，其实不应该是为了讨好对方而改变自己，而应该是让对方看到自己独有的美好特质。如果向对方展示自己最真实的一面，他还能爱你，那我要恭喜你，他是真正的爱你啊！

爱情，说到底应该是忠于自我，懂得在压力下享受人生，更要懂得在感情中自我保留。

要怎样的勇气，才能完成
由恋人到普通朋友的完美转换

爱情将两个人由陌生变成熟悉，又由熟悉变成陌生。“一见如故”原来是很快跟一个异性打得火热的借口，而“你很陌生”则是向相恋多年的情人提出分手的理由。

——节选自张小娴《禁果之味》

两个人从相识、相知到相爱，最后由于种种原因不欢而散，在分手时，总有一方会说出那句最真实的谎言——希望我们还能是朋友。

分手之后，彼此真的还可以做朋友吗？

其实答案大家心知肚明——不可以！

因为彼此曾经相爱过，所以不可以。

因为彼此曾经伤害过，所以不可以。

曾经的刻骨铭心，分手后做朋友谈何容易？分手后，谁又还能是谁的谁？所以彼此做不了朋友；但也因为曾经相爱过，不可能成为彻底的仇人，所以到最后，彼此只能成为世上。

“最熟悉的陌生人”，诗一般的语言，给人的感觉确实无限的悲凉和无奈。

张小娴在《禁果之味》中写道：爱情将两个人由陌生变成熟悉，又由熟悉变成陌生。“一见如故”原来是很快跟一个异性打得火热的借口，而“你很陌生”则是向相恋多年的情人提出分手的理由。

时间真是一种可怕的东西，它会打败我们认为所有不可战胜的东西，包括我们曾经认为无坚不摧的，感情。在爱最开始的时候，爱情让我们由全然的陌生人变成了亲密无间的情侣。但是，随着时间的流逝，我们逐渐地从无话不谈开始变得相对无言，时间仿佛在我们的心里划上了一道伤口之后，一切都不可愈合了；往日激情、浪漫，甚至是聒噪的生活，也逐渐地变得安静、平淡如水起来，琐碎的生活似乎再也难以激起一点儿涟漪……

很多人，很多事，只需时间的一个转身，便成了陌路上的一道风景，被遗忘在了时光的隧道里，不再轻易被记起、被提起。即便是几句简简单单的关心、轻轻松松的欢声笑语，也成为了生活的奢侈品。

到底是时间改变了我们，还是我们改变了自己，我们无从得知。但事实就是，像歌里唱的那样：我们变成了世上最熟悉的陌生人，今后各自曲折，各自悲哀，于是梦醒了，搁浅了，沉默了，挥手了，却回不了神，如果当初在交会时能忍住了激动的灵魂，也许今夜我不会让自己在思念里沉沦。

难怪张小娴会感叹说：“**爱情正是一个将一对陌生人变成情侣，又将一对情侣变成陌生人的游戏。**”

是啊，从陌生到熟悉，从熟悉到了解，从了解到无话不谈，再从无话不谈转到熟悉、到了解，最后安静了，彼此成为了陌路。人生兜兜转转，可不就是一场游戏？

我一直觉得，“最后的最后，我们变成了最熟悉的陌生人”是最伤感的台词之一。**曾经那么深深爱过的一个人，曾经是自己生命中不可割舍的一部分，突然之间，不再爱了，或者是不能再爱了，我不知道要怎样的勇气，才能完成由恋人到普通朋友的完美转换？**

分手后，如果还继续保持联系，这只能说明其中的一方还没有真正放下对方，他还不愿从对方的生活中彻底消失，所以才会找各种看似很冠冕堂皇的理由去接近对方。但关键是，如果他真的对不起你，彼此双方还能做成朋友？分手后，谁都不是谁的谁了，做朋友又能如何？继续爱吗？对方已经不爱你了，放下你了，你还抱着一丝丝不可能燃烧的希望，这简直就是一种酷刑。分手了就是分手了，爱也不可能再继续了！既然彼此不能再相互爱下去，就让我们做陌生人吧。**有时候，放手，反而是一种解脱的最好办法。未来的人生之路既然没有缘分同行，那就不如彻底分开。**

或者是，有朝一日彼此双方分手之后都另结了新欢，你却仍把旧爱看作朋友，那新情人会怎么想？看到旧情人时，你又怎能忘记曾与他一起走过的日子？“相濡以沫，不如相忘于江湖。”

最后，祝我们永远永远不要，也永远永远不会做——最熟悉的陌生人。

Part 4

所有的患得患失，都是因为爱

女人到底想要什么？
答案还不简单吗？
无论她看起来想要什么，
她想要的终归只有两样东西：
很多的爱
和很多的安全感。

即便是一见钟情，
也是无数次寻觅之后的一次怦然心动

爱情的抉择有时候跟赌博没有两样，你可能赢，也可能输得一败涂地。你决定去还是不去的时候，要考虑的不是你将来会不会后悔，也不是他会不会永远爱你。因为你根本无法知道答案。最重要的，是你爱不爱他，是不是爱他爱到愿意豪赌这一铺，虽然你是个贫穷的赌徒。

——节选自张小娴《思念里的流浪狗》

有人说，爱情不是一道选择题，因为真爱不是选择得来的。也有人说，爱情不是寻觅的结果，真正的爱情应该就像张爱玲说的那样，时间的无涯的荒野里，没有早一步，也没有晚一步，刚巧赶上了。

但其实，**在爱情里，处处充满了各种各样的选择题。**而对多数女人来说，恋爱就像是买衣服，好看的不一定就适合你，适合你的，你又不一定一眼就能相中，大多数时候都处于一种寻寻觅觅的过程。

买一件漂亮又适合自己的衣服，难不难？说起来容易，但真正买起来却没有想象中的容易。

要是今年流行的色调、流行的款式，要修身、要时尚、要衬肤色、要把自己所有的优点都体现出来，同时又能遮掩住自身的所有缺点……

不过是买一件衣服，女人们却能罗列出一大堆的条件来寻寻觅觅，只为了一件真正内心喜欢而又适合自己的衣服。

而对女人来说，爱情几乎是其一生都在追求的事业，为了找到一个各方面都符合自己条件的理想白马王子，每个女人都会事先设置了一长串择偶条件——要忠诚、对自己要深情专一、要体贴孝顺、要有内涵教养、要幽默、要上进有追求，最最重要的是要爱自己，等等。

这些条件的设置，注定了我们的爱情是一场寻觅之旅。寻找到一个你爱他、他也爱你的人。

张小娴说：“你遇上一个人，你爱他多一点儿，那么，你始终会失去他。然后，你遇上另一个，他爱你多一点儿，那么，你早晚会离开他。直到有一天，你遇到一个人，你们彼此相爱，终于你明白，所有的寻觅，也有一个过程。从前在天涯，而今咫尺。”

是啊，爱情这条路，并不是那么一帆风顺的，所以有的时候，你爱他，但是他不爱你；也有可能是你不爱他，但他很爱很爱你；然而真正的爱情是双方的付出对等、彼此的爱的程度不相上下，这样的爱才能持久，日久弥香，这种爱情不是一眼就能发现，一次就能获得的，可能需要透过一段段爱情、一个个男人才能看穿另一场感情是不是自己的真爱，是不是自己今生的归宿。

所以大多数时候，我们一直都在寻觅，寻觅那个我们都在追求，都会获得的一个结局。

然而所有的寻觅，却总有一个过程，对未来的恐惧让我们充满了担忧，作为女人，我们是多么害怕自己永远也找不到今生真正的归宿啊！

所以，有的女人，随着年岁的增加，她对另一半的条件也随着她年岁的增长而逐渐地放宽了。但是，就如张小娴说的："即使是孤独得发霉的女人，也会守住最后的底线，有些条件，是绝对不能让步的。"就像人生价值观、就像教养与内容、就像人的品位等等。

但不管怎样，要重建一段稳妥的关系，我们总免不了要走一段由生到熟的发现之旅。**所有的爱情，都是寻觅的结果，即便是一见钟情，也是无数次无意识寻觅之后的一次怦然心动。只是，恰好，这一个人，符合了你心中所有对爱的期待。**

相聚和离别如同
每一个初见，都是美妙的际遇

我常常觉得两个人没有永远在一起，结合是例外，分开才是必然的。我们都是为终会分开而热烈相爱。

——节选自张小娴《谢谢你离开我》

张小娴曾说过这么一句话："**无论你有多么好，世上总会有不爱你的人。**"如果那个不爱你的人恰恰是你爱着的人，那便是一个不幸爱情的开始了。

但是，生活中这样的不幸经常发生。

遇到不幸，人们下意识的反应通常是躲避，但是**爱情里的不幸，很多人却仿佛"甘之如饴"，深陷其中，不愿抽身。**

这真算得上是不幸中的不幸了。

爱上一个不爱自己的人，却还要去苦苦哀求对方的爱情，我不知道生活中这样的哀求最终换来了多少份修成正果的爱情，但很显然，这样的哀求，往往是悲剧的多，喜剧的少。

爱上一个没那么爱自己的人，每天寸步不离、派人盯梢，时刻都在担心他遇上比自己更好的人，我不知道这样的爱情里，当事人的“付出”最终获得了多少回报，但是，这样的生活真的很累。即便是我这样一个局外人，也能感知其中的沉重。

最遗憾的是，你的付出，他一点儿都不领情，反而认为这是一种束缚，甚至还会觉得你很烦人，因为你剥夺了他的自由。

都说，不疼的爱不是真爱。但真爱也确实承受不了太多的痛。一旦超过了你的承受能力，你也会在心底里一次又一次地告诉自己——离开他把，给他自由吧，这样，自己也自由了。但有些人仿佛还挺享受这样的痛的折磨。

世间很多道理，我们心里明白透亮，但是却偏偏无法做到放下，硬是要选择一条最难走、最痛苦的方式走下去，即使赔上自己的青春与眼泪。

因为付出了很多很多，当对方终于下定决心，斩断一切与你之间的联系的时候，你会承受不了，会悲伤不已，会痛哭流泪，甚至会选择逃避现实。

可是亲爱的，你真的应该谢谢对方，谢谢他选择主动离开了你的世界，让你不再继续沉沦。

离开，原本就是爱情和人生的常态。有些男人，注定是给你带来痛苦，陪你一起成长的，他们的作用也仅此而已，一旦他们此行的任务完成了，便也是离开你生活的时候了。

你更应该感谢对方，因为他的离开，成全了你的自由，让你从此可以潇洒地生活。你可以随意地剪自己喜欢的任意一个发型，而不用担心对方会不会喜欢；你也可以随意地搭配任何一套衣服，而不用在意是否符合对方的口味；你更可以随着自己的心意去任何自己一直想去的地方，而不用担心，你的离开会让对方淡忘了你……一切的一切，都是那么的美好；一切的一切，都可以那样地恣意挥洒。而这都应该感谢他的离开，他的成全。

张小娴说："那些痛苦增加了你生命的厚度，有一天，当你也可以微笑地转身，你就会知道，你已经不一样了！这一生，有些男人只是过程，却只有一个会是终点；有些男人会让你成长，却只有一个会陪你到老。"是啊，女人的成长，多数时候都是因为爱情和男人，但试想想看，把爱情和男人看得比自己和生命还重要，这值得吗？

所以，他选择离开，就放他自由，让他离开吧。

从此，他的幸福与你无关。从此，你们相逢便是路人，这就是最好的结局。

当爱而不能，想而不得时，
悲伤仿佛成了生活的唯一发泄

“我毫无理由地爱着另一个人，我仿佛知道他早晚会回来我身边。我祝愿他永远不要悲伤，我期望我们能用欢愉来迎接重逢。至于在我生命里勾留的人，我无法爱他更多。”

——节选自张小娴《三月里的幸福饼》

每当玫瑰花绽放的时候，夜莺因为陶醉于玫瑰的花香，会用唱歌的方式来倾诉自己对它的爱意，一直唱到力竭声嘶。当夜莺知道玫瑰被阿拉真神封为花之女王时，它非常高兴，高兴得忘乎所以地向吐露芬芳的玫瑰花飞了过去。然而就在它靠近玫瑰时，玫瑰的刺恰好刺中了它的胸口，鲜红的血将花瓣染成了红色……

这是波斯流传着的一个传说。即使到了如今，波斯人也仍然相信，每当夜莺彻夜啼叫，就是红玫瑰花开的时候。

世间所有的爱情就像这夜莺一样，明知是飞蛾扑火，还是拍拍翅膀飞了过去。

《三月里的幸福饼》，张小娴的一本长篇小说，讲的依旧是一个令人唏嘘的故事——一个女人和两个男人，辗转十几年的辛酸爱情。书里最动人的一句话莫过于“祝你永远不要悲伤”了，简简单单几个字，道尽了爱情的不易、现实的无奈、人心的执着以及那变幻万千的命运。

“也许，每个女人都希望生命中有一个杨弘念，一个徐文治。一个只适宜做情人，另一个却可以长相厮守。”

和男人在红玫瑰与白玫瑰之间摇摆不定一样，女人也在各自的“杨弘念”和“徐文治”之间艰难取舍。情人或许就像一棵风姿不凡的玉树，让你心神荡漾不已，不能把心思从他身上移开，但你却深切地知道，他永远只是他，不会为你做任何改变。而你要找的或许是一棵易养活的盆栽，不仅可以让你放在家中随意搬来搬去，还不用花太多心思侍弄他。

当爱而不能，想而不得时，悲伤仿佛成了生活的唯一发泄，每一次的落泪都是一种对自己情感的释放。为了吸引自己喜欢的男子的注意，《三月里的幸福饼》里的女主角蜻蜓，拼命三郎似的发愤图强，力争上游，只为了一个叫徐文治的男人。她认为：“如果有一天，我成名的话，他就可以经常看到我的名字。即使是十年或二十年后，他也不会忘记我。如果我没有成名，他也许会把我忘掉。**唯一可以强横地霸占一个男人的记忆的，就是活得更好。**”

但是她忘了，男人要的，永远是女人对他的崇拜。虽然每个女人都希望自己所爱的男人成名，但，不是每个男人都希望自己的女人成名。蜻蜓为了爱的男人等了那么久，努力了那么多，最后终于努力使自己成名了，结果竟然因为成名而失去了他。这不得不说是一种极大的讽刺和无奈——她对爱情的执着和努力竟然败给了一个男人的自尊心。

一颗柠檬，百分之五的酸，百分之零点零五的甜，十分的酸，一分的甜，就像有些爱情，注定不能天长地久。有的时候，是你准备好了，他没有准备好；有的时候，他准备好了，而你却没有准备好；等你们都准备好了，却发现原来你们不能在一起了。这样的人生，真的很悲哀。

我不知道，假如从一开始周蜻蜓就一直静静地等待，结局是否就会有所不同。但是，人生从来就没有“假如”可言。

曾有人不无悲观地调侃说：“爱情是用来遗忘的，感情是用来摧残的，忠诚是用来背叛的。”相对于时间的漫长，爱情总是显得那么地脆弱，人心也常常经不起世事的煎熬。所以，爱情往往都是以美好的故事开始，却常常以我们料不到的悲戚为结局。悲伤，与爱情，亦步亦趋。人生的幸福，仿佛总要历经磨难和考验才能成功把握。

“还将旧时意，惜取眼前人。”在最后，张小娴语气一转，用简短一句话点出了这本书的核心——珍惜眼前人。是啊，能给你一世爱情，陪你看花开花落、云卷云舒的，或许就是眼前那位一直默默付出的人。

人生别久不成悲，愿你我永远莫伤悲。

所有的
患得患失，都是因为爱

爱上一个人的时候，总会有点儿害怕，怕得到她，又怕失去她。

——节选自张小娴《思念里的流浪狗》

张小娴说："如果不害怕失去，还算是爱吗？"是啊，害怕失去爱，也是爱的一部分。

两人没确定在一起的时候，要担心对方是不是真正地爱自己，就像自己爱他一样地爱。

在一起了，又要担心自己在对方心里到底有多少的分量，害怕他的心里压根儿就没有自己的存在。当自己因为思念而无法入眠的时候，对方是不是也会因为思念而整夜没有合眼？

沉溺在他的甜言蜜语中的时候，甚至会担心将来的某一天是不是还会这样温柔地待自己。

一心一意地想陪他白头到老，却担心害怕最终陪你白头的不是自己。

希望能一辈子为他洗衣做饭，却害怕他会逐渐厌烦那个因为日益操劳而变得苍老的自己。

害怕他冷漠自己、害怕他突然离开自己、害怕他背叛自己、害怕他先离开自己……

爱让我们变得患得患失，因为不确定，安全感成了一件极为奢侈的事儿。

女人的幸福往往与安全感联系在了一起。当一个女人赌上一生幸福去相信一个人的时候，是绝对不容许自己的感情中出现一丝丝瑕疵的，因为赌注太过强大，所以大多数女性在爱中都缺乏足够爱的力量和信心。为了增强自己心中的安全感，女人们时不时地要求男人们许下一个又一个诺言。却不知，安全感并不来自于男人的诺言。多数男人也不知道，虚无缥缈如女人看重的安全感，它的来源其实很实际，是日常生活中细致的关心、细心的呵护、轻声的叮咛嘱咐，以及信任、理解、体贴和包容。

张小娴说："女人到底想要什么？答案还不简单吗？无论她看起来想要什么，**她想要的终归只有两样东西：很多的爱和很多的安全感。**"

女人天生就是一种缺乏安全感的动物，因为可供她们挥霍的青春实在太短，她们用最大的热情去爱上一个可以给自己未来的人，所以一个女人爱一个男人爱到极致的表现是无止境的占有和自私。

她们从小就渴望一个真正疼她、爱她、懂她、宠她、呵护她的男人，对她耐心多一点儿、微笑多一点儿，能包容她的各种缺点和小性子，这就是女人需要的安全感。

所以，对女人们来说，最终让她下定决心接受一个男人，走进婚姻的殿堂的，是男人给她的爱以及安全感。与其说女人们嫁给了她爱的男人，不如说她嫁给了这个男人给她带来的安全感。

“爱情从来就不论胜负，它是一个过程而已，无所谓得失。如果不能相爱，我喜欢被宠爱和纵容。在永不可挽回的无常里，我渴望相信有一个男人会永无止境地爱我……”张小娴一语道出了所有女人对爱的需求。但是，有谁能保证一个男人会永无止境地爱一个女人，一辈子包容她、呵护她？这样的概率在生活中毕竟不高。都说“求人不如求己”，这个准则放之四海而皆准，爱与安全感最踏实的感觉最终还是来自于我们自己，由我们自己来创造，而不是来自于别人的馈赠。

把最美的记忆
放在心底最深处

失望，有时候，也是一种幸福。因为有所期待，所以才会失望。遗憾，也是一种幸福。因为还有令你遗憾的事情。

——节选自张小娴《荷包里的单人床》

你爱的人和爱你的人不是同一个人，这是一种遗憾。

你无时无刻不在思念一个人的时候，对方却不爱你，这是一种遗憾。

陪在你身边的，也许是最合适你的人，却不是你最爱的人，这也是一种遗憾。

…………

爱情就像是一出戏，结局永远只能有两个：悲或喜。

留住了的叫幸福，流逝了的叫遗憾。人的一生中有太多的遗憾已经发生或还未发生。

很多人都无法接受人生的遗憾，认为这就是一种生命的缺失和挫败。

而爱情中的遗憾尤其让人铭记。

事实上，就跟悲喜剧的道理是一样的。我们不妨把人生的圆满比作一场喜剧，把遗憾比作是悲剧。看喜剧的过程是愉悦的、轻松的，但是我们看完之后很快就会忘记了。而悲剧就不一样，它会让人记住很久很久。同样的道理，人生的缺失和遗憾，就像是悲剧一样，较之喜剧更刻骨铭心。道理很简单——月满则亏、水满则溢。

这样说，并不是在提倡遗憾的人生，事实上，人生哪能没有一点儿遗憾呢？如果一个人从未感觉自己有过什么遗憾，那才是最大的遗憾，因为连遗憾都没有的人生，那该是多么地苍白平淡。爱过、痛过、拥有过、失去过、忘记过，这才是多彩的人生。正因为经历过了，拥有过了，每个人的生命里才会有无数的欠缺和遗憾。完美的人生只不过是我们一直在追求的一个目标、一个“世外桃源”。

张小娴说：**“失望，有时候，也是一种幸福。因为有所期待，所以才会失望。遗憾，也是一种幸福。因为还有令你遗憾的事情。”**在她看来，失望、遗憾也是一种幸福。因为至少你的心中还有所期待，你还拥有一个等来美好未来的可能。

在我看来，悲剧之所以铭心刻骨，就是因为它将美好打碎了展现在所有人面前，留下的是无限美好可能的想象空间、刻入灵魂深处的永恒记忆，以及无法圆满的遗憾。

人都是这样的心理——得不到的才是最好的，因为遗憾，因为不能拥有。

事实上，遗憾也确实是幸福的、美好的。试想想，如果相爱的两个人如愿在一起了，生活的时间长了，见识了柴米油盐酱醋茶的琐碎及平凡，经历了平淡岁月的打磨，逐渐地，双方都看到了对方的缺点和不足，往昔的感觉逐渐变味儿了。爱的感觉也许慢慢就被流逝的岁月冲淡了，谁在谁心目中都没有曾经的那样完美。矛盾、争执、冲突此起彼伏，这样的结局是我们所愿看到的吗？

而如果爱情中存在着因为没有得到的遗憾，那每个人都会把最美的记忆放在心底的最深处珍藏，然后在往后的岁月长河中时不时地拿出来回忆、品味一下，这难道不是一种温暖而幸福的方式？

在漫漫的人生岁月中，也唯有彼此之间甜美的记忆才能称得上是永恒与完美，珍藏在心里，永远也不会褪色、不会磨灭。这也是一种幸福。

人生因痛苦而深邃，同样也会因为遗憾而更显完美。

所以，亲爱的，不要再问爱情应该天长地久，还是曾经拥有？

凡是美好的事物，都会以不同的形式地久天长。善待残缺、包容遗憾才是美丽的人生，如此才能收获无限的幸福。

一辈子的心愿，真的只是一个心愿

遇上那个人的时候，我们以为自己会爱他一辈子。他已经这么好了，我怎可能爱上别人？然而，岁月会让你知道，一辈子的心愿，真的只是一个心愿。

——节选自张小娴《只是一个心愿》

世界上所有的东西都会变。**好的时候，不需要太欢喜；坏的时候，也不需要太沮丧。因为，一切都会变。**

当男人承诺一辈子的时候，我们相信了，事实上，他自己也相信了。

当和心爱的人分手，又和好的时候，通常我们都会或哭，或笑地动情说一句：我们再也不分开了……然后紧紧地拥抱。

曾经以为一辈子都放不下的事，放不开的人，不知不觉间再也记不起来了；曾经以为可以用一生去爱的一个人，慢慢地开始不爱了，连自己都说不上是一个什么缘由。

无论是谁先离开，请不要太悲伤。因为早晚，你也会不爱，只是他抢先一步而已。因为**这世上，根本就没有什么一辈子。**

当我们喜欢上一样事物时，总是希望它会是永恒的。我们会和闺蜜说："我们是一辈子的朋友。"也会和情人说："我们会爱一辈子。"甚至会悄悄和自己说："我会这样一直美下去。"

只是，**很多东西，都没能逃过时间这把筛子。**我们喜欢的东西都放在筛子上，而时间会不停地筛，很多不够分量、不够大的东西，便从筛子的缝眼儿中掉下去了。当五年，十年过去，你会发现，你的筛子上已经所剩无几了，你曾那么喜爱的东西，能留下来的，已经少得可怜了。

张小娴曾说："我曾经有一条 Yohji Yamamoto 的半截裙。我爱死了这条裙子。五年前，我几乎天天穿着它，我以为我会穿一辈子。然而，这几年来，我碰都没碰过它。它仍然没有过时，却不再新鲜。"

喜欢一个人的时候，很少会去想，是否有一天，会对眼前这个人变得毫无感觉？一旦想到要和他分开，心里就泛起难忍的疼痛。

一切都很真实，但一切，也都是暂时的。

时光带走的不止是你我，该变的事情还是会变的。没人知道自己一辈子会发生什么，没人猜得准十年后会发生什么。这是人生，也是爱情，必须接受的事实，不确定性就是世界的一部分。有人信誓旦旦告诉你一生会发生什么，那不能证明他更成熟、更爱你，只是证明他更会吹牛。

“我会给你一辈子的承诺”这句话，善良的人用来讨个彩头，哄得对方开心自己也高兴；坏人用它来欺骗感情。然而，它最不能完成的功能就是描述人的一辈子。

两个人相爱，一起成长，共同面对未知，这是两人的共同责任，履行好这个责任就足够了，别提一辈子，也别信一辈子。爱情可能会没有结局，可能会结局很坏，但这只不过让学会珍惜、学会真诚，正如身体会病会死，所以要养成健康的生活方式。

没有一辈子并不可怕，可怕的是我们以为会一辈子。

爱情只是一瞬间产生的感觉，终将会消逝在时间的烟波里。唯一能让人安慰一点的是，它可以转换。世上没有东西会平白无故地消失，有些爱转化为失望，陌生，终究用“不在乎天长地久，只在乎曾经拥有”结束，有些爱转化为友情、亲情，跟着我们一起慢慢变老。

世间多遗憾，往往最终和你白头的，却不是你曾经爱得最深的。如果早一点儿明白，一辈子是个小概率事件，会不会我们就会更加珍惜，会不会，就和那个最爱的人，手牵手把一辈子就走完了呢?

别离，原是为了遇见更好的开始

“别离是为了重聚”，别离真的是为了重聚吗？以前的人，为了一段感情不离别，付上很多代价，比如放弃自己的理想，放弃机会。现在的人，却可以为这些而放弃一段感情。离别，只是为了追寻更好的东西。

——节选自张小娴《三月里的幸福饼》

张小娴说：“别离，是人类共通的无奈。”

也有人说，世间最可悲的事情是得到了又失去，相逢了又别离。

人有悲欢离合，月有阴晴圆缺。相逢和别离，总在人生的旅途中交错上演。

然而，相逢可能是一种偶然，但别离却是人生的必然结局。以至于张小娴还曾感叹说：“我常常觉得两个人没有永远在一起，结合是例外，分开才是必然的。**我们都是为终会分开而热烈相爱。**”人生在世，没有谁能陪谁走到人生的尽头。**每个人的人生也都不过是一**

直不断地在相逢和离别中度过。

于茫茫人海中相遇，这无疑是一份极为难得的缘分，所以人人都不愿见别离，都不忍别离的到来。明知道“天下无不散之宴席”，心中却舍不得喝掉杯中的酒，还想再唱一支歌，你可不可以不走？

在人生的旅途中，我们每个人都有各自的人生要走，这就注定了别离是人生的主旋律。相逢与别离就像是喜悦与悲伤的两极，我们常因为相逢而喜悦，因为别离而悲伤。所以离别的时候，每一句话都显得那么悲伤惆怅。因为有了感情的牵绊，别离也显得异常沉重，令人感伤。

但离别真的就如我们想象中的那么坏难以接受吗？

缘聚缘散、相逢别离，这就像是人生的自然循环，相逢就会有别离，而别离又给了我们新的期盼，新的开始。“以前的人，为了一段感情不离别，付上很多代价，比如放弃自己的理想，放弃机会。现在的人，却可以为这些而放弃一段感情。**离别，只是为了追寻更好的东西。**”

在张小娴看来，别离不仅仅是为了重聚，它还暗示着我们能获得更好的未来的可能。

其实，别离的好处也不仅仅只有这一点。

在我们的生命中，我们经常会遇到一些或寻常、或不同寻常的人，总以为其中有自己相伴一生的人，但让人无奈的是，聚少离多是人生的现实。除了顺其自然，我们没有别的选择。因为别离，我们深刻地懂得了时间的重量。

别离的另一个好处是，在回忆里，每个人都如此年轻而美好，一切都是美妙的。我们彼此保留着那份最纯真、耐人回味的记忆。

最重要的是，在一次又一次的别离中，我们日臻成熟。这是生命在历练我们，促成我们的成长，以便让我们迎接更好的未来，更完美的自己。

所以，请相信，别离不是结束，而是新的开始，在未来，一定会有更好的生活在等着你。

唯有爱情可以使我们
失望得那么彻底，却又希望得满怀憧憬

每段爱情的开始，总是充满希望的，而这些希望通常是男人给女人的。男人的希望，的确只是希望而已，他希望他可以，或许他可以，他只是不排除这个可能。

——节选自张小娴《他曾经给我许多希望》

很多时候，难过并不是因为没有得到。而是因为，以为可以得到，然而却没有得到。期待了太久，结果却让人如此失望。如果对于幸福的期待值能够低一些，就可以更快乐。但，总有那么一个男人，把你对幸福的期望值一而再地提高。

谁会不期待幸福呢？只是一个人的时候，对幸福看得更冷静。

可是，当一个爱你的男人，在你面前真诚的描绘未来幸福生活的图景时，再冷静再通透的女子也难免会心动。曾经你以为已经不再相信爱情，可这个人的热情和真诚让你再一次重拾了信心和希望。然而，什么都会变。

男人似乎从追求的时候开始，就把自己当作女人的朋友、老师、父亲、保姆，把一切的角色都揽上身，又许以好多好多美好的诺言，让女人一点点失去独立自主的能力，从精神到生活，全部依赖上他。然后，随着关系的稳定，时日渐长，开始嫌她太依赖，让自己束手束脚。慢慢，开始嫌烦，最后丢弃。殊不知，她本来也是一个可以把自己照顾得很好的女孩。原本，没有你，她也会过得很好。

女孩，何其无辜？是你告诉我，你愿意，你可以的。

他变了。变得不再像以前那样爱我，那样紧张我。变得让人感觉那么陌生，已经不再是以前的那个他。失望把爱情一点儿一点儿地吞噬。一段原本鲜活、多彩的感情，慢慢变成了黯然无望的灰色。

一个男人，可以让跟着他的女人受穷，但，无论如何，不能让自己的女人失望。能陪男人吃苦的女人很多，可是能够承受失望的女人并不多。即使身体留了下来，心却早已不在了。

失望了，就离开。与其守着一口枯井，不如再去寻觅一口甘甜。

爱情中最伤人的，并不是，你爱的那个人不爱你。一个再骄傲的人也知道，你不可能被所有人喜欢。而爱情一开始是一种感觉，如果一个人对你没感觉，就算你苦心追求到手，他也只是与你维持男女朋友的关系，并不代表他也和你爱他一样，爱上你了。

我们最恨的，并不是一个人不爱我。而是，他让我以为，他爱我。他不停地诱惑我，当我快要放弃的时候，他又让我燃起希望。当我抓住了那最后的一根救命稻草，他又无情地放开。

张小娴说：男人的希望，的确只是希望而已，他希望他可以，或许他可以，他只是不排除这个可能。

男人大多是自私的。既然并不排除爱上你的一点儿可能，为什么不给你机会去爱他呢？只是他没有想到，这会给别人带来多少伤痛。

世界上所有美好的事物，都是虚中有实，实中带虚的。就像蒙着面纱的女人，让你看出美妙的轮廓，却又留足了想象的空间。谁都愿意相信，那一定是一张美艳的脸庞，但也许上面有痣，或者有疤。不然，为什么要带着面纱？

爱情如是。如果承诺可以兑现，又何必说；如果幸福就在不远处，只须牵着你的手安然地走去，又何必描绘；如果已经打算一辈子照顾你，又何必急于一时。

但，总是愿意去相信。谁都希望，可以活得美好一点儿。满怀希望地活着。事实上，并不是有多相信这个男人。他与你非亲非故，怎么会那么相信他。**我们是相信爱情，只有爱情可以令我们满怀希望而又失望得那么彻底。**而，这个男人，只不过是爱情的执行者而已。

爱情里有许多障眼法。它先让你看到它的极美，又让你看到它的苍白。

世间原本没有不幸，
绝大多数的痛苦也都是自找的

不望着会令你流泪的东西，那是唯一可以不流泪的方法。

——节选自张小娴《面包树出走了》

我们看过的几乎每部关于爱情的电影，每本关于爱情的书，以及听过的每一个关于爱情的故事，似乎都在告诉我们，应该去等待真爱。

真爱是要等待，但是万一等来的不是自己的真爱，而真爱却早已退出了自己的生命呢？

这绝对是一种无奈和悲哀！但这样的悲哀和无奈却是生活中经常发生的事情。**因为有的时候，我们太过于专注眼前的所谓良人，太过于专注最后的好结局，以至于忽略了身边的那些信号，而忘了怎样去分辨那些真正想要和我们在一起的人和迟早会离开我们的人。**

人们总是认为女人的心理是难以捉摸的，但其实面对心爱的男人，女人一样迷茫，爱得稀里糊涂。

于是，经历了无数次的拒绝。

于是，你伤心了无数次。

无数次的自作多情和数不清的痛苦、尴尬之后，于是，你开始抱怨生活的不公平、抱怨男人的绝情，感伤自己的不幸。

但是亲爱的，世间原本没有不幸，绝大多数的痛苦也都是自找的。

这样说，也许过于寡淡而淡薄。

但是，选择继续爱、继续痛苦，还是选择忘记，重新开始新的生活，你拥有绝对的自主权。

如果你还心存期望，你的付出能唤醒他对你的爱。

那没办法，你的痛苦是你自找的。

张小娴说得好："不望着会令你流泪的东西，那是唯一可以不流泪的方法。"同样的道路，不围绕着令你伤心流泪的男人，那也是唯一可以不伤心流泪，获得真正爱情的办法。

小时候，有一条不成文的规定——在小学，如果有一个人不爱搭理你，喜欢揪你的辫子，喜欢扔掉你的玩具捉弄你，那么我要恭喜你，他多半是喜欢你的。

但这毕竟是孩子的世界，成人的世界远比这复杂难懂得多。

在成人的世界里，如果一个人喜欢你，他会愿意和你在一起。如果没有你的电话，那他也会千方百计从你的朋友圈要来你的电话。为了“邂逅”你，他可能还会去你经常去的地方，他会有足够的耐心等你，容忍你的各种小性子，他也会想和你结婚。因为他是真的喜欢你的。

但是，如果你付出了很多，也得不到他的回应；你伤心流泪了也得不到他的真心安慰；如果你发过去短信，他也不回。那把手机关了，停止无谓地付出吧。这不是你不够好，也不是他的问题，只不过是他也许没那么喜欢你而已。

张爱玲和胡兰成的故事，众所周知，在送与他的照片后面题了一句话：“见了他，她变得很低很低，低到尘埃里，但她心里是欢喜的，从尘埃里开出花来。”即便是喜欢到了卑微的程度，然而最后，张爱玲还是放弃了花心的胡兰成。张爱玲是聪明的，因为她懂得，不该爱的男人就该放弃，否则给自己带来的将是无止境的痛苦。

我们之所以无法忘记一个人，往往不是因为对方有多么难忘，而是我们有多么依恋和执着。

但是，当我们执着于一份无望的感情，执着于你一个错误的对象时，一切的执着不过是白白浪费自己美好的青春。与其如此，不如找一个在你失意时，可以承受你的眼泪，在你快乐时，可以让你咬一口肩膀的男人，那才是你真正的良人，也是你最终的归宿。

出门走走吧，看外面阳光多好、空气多清新！

每个人的心里，
都住着一个永远都在试图忘记的人

如果没有办法忘记一个人，那就不要忘记好了。真正的忘记，是不需要努力的。

——节选自张小娴《三月里的幸福饼》

在每个人的心里，几乎都住着那么一个永远不会提，永远都在试图忘记的人。他（她）的名字静静地混在电话簿里众多的人名当中，却永远不会拨打，也永远不会删除……

当初满口的情话，现在回想起来，依旧是甜得发腻的幸福句子；当初惊心动魄的感动和幸福，现在回想起来，还是会心跳加速！

结果，心心念念以为的天长地久，转眼间便烟消云散，成了人生旅途中一段匆匆的岁月。

当初越是甜蜜，现在痛苦的程度就越深。

于是，我们都在想方设法地试图忘记曾经那段过往。于是，生活中有越来越多的人在问："我要怎样才能忘记他（她）？""我很想很想忘记他（她），但是就是没有办法做到，我该怎么办？”

其实，让我说，忘不掉又能怎么办？心灵的创伤，是经历一辈子也难以愈合的，雁过都会留痕，更何况是一个人？爱情中，即便是再多的痛苦，可总有一些甜蜜的瞬间让人无法、也不忍舍弃。或许，这就是所谓的刻骨铭心。

要想忘掉一段刻骨铭心的爱情，这简直比登天还难。因为你根本就没有试着去忘记，而是一直在怀念、在期待。就算你遇到了一段新的感情，曾经的那段岁月也还是会时常被记起，甚至还会陪伴你到老。

所以，我们为什么要试图忘记那段曾经的美好，为什么要那么痛苦地去忘记一个人呢？就像张小娴说的，**如果没有办法忘记一个人，那就不要忘记好了。真正的忘记，是不需要努力的。**而我们可以做的，不过是用尘埃把它暂时遮掩起来，要知道，生命中，有些人注定只能陪我们走那么一段路，而有的人却能陪我们走完此生。

他已经陪你走过了一段生命中难忘的日子，在那段时间里，虽然有伤心的回忆，但不可否认，也会有值得你时不时地拿出来回忆的快乐、幸福的瞬间。

如果你认为那段岁月徒留下了痛苦，必须釜底抽薪才能重新寻找幸福。那没有别的好办法，只有让时间来冲淡。时间自然会让你忘记他。如果你想要忘记，越是努力，就会越是无法忘记。因为“努力”这一举动，恰恰就说明了你还爱着对方，你仍然对他（她）还存在着感觉。忘不了，那理所当然。**试图去忘记，而又忘不了，更是一种必然，一种痛苦的自我折磨。**

亲爱的，你相信我。总有一天，你会忘了他（她）的。因为人**类原本就是最擅长遗忘的动物，我们根本不用担心和害怕自己无法忘记某个人。忘记他（她）不过是早晚的事情。**

更何况，真正的忘记是不需要努力的。我们以为爱得很深很痛的曾经，岁月会让我们知道，在生命的洪流中，那其实只是很轻很浅的一笔。

都说“有意栽花花不开，无心插柳柳成荫”，很多事情，刻意去求，反而会忘不了，真正的忘记是在不知不觉当中发生的。只要给自己时间和空间，很多的人和事，就会逐渐地在你的记忆当中逐渐淡化，直至某一天，会完全消失于无痕。某一天，当你无意间想起他（她）时，你才会恍然大悟，原来在你记忆里，你已经把他（她）忘记了，**所谓的“忘记”，就是这样，并非不再想起，而是偶尔想起，心中却不再有波澜。**

也许心就那么大，
全放了自己就放不下别人

我们都太爱自己了，两个太爱自己的人，是没法长相厮守的。当我们顿悟了自己的自私，在以后的日子里，也只能够爱另一个人爱得好点儿。

——节选自张小娴《三月里的幸福饼》

在张小娴《三月里的幸福饼》中，有一家印度餐厅，它的幸福饼里藏有签语。周蜻蜓第一次抽到的签语是：祝你永远不要悲伤。而徐文治第一次抽到的是：珍惜眼前人。可惜，在周蜻蜓最需要文治的时候，他离不开旧情人。为了活得更好，蜻蜓和另一个男人工作，两人竟阴错阳差地在一起。但蜻蜓却毫无理由地爱着徐文治，仿佛知道他早晚会回来，而对于在身旁默默守候的人，她却无法爱他更多。但命运又是这样地捉弄人，在文治真的回头来找蜻蜓的时候，她却不愿无情地对待爱她的人。终究，命运的玩笑，攻克重重艰难险阻即将步入婚姻殿堂的徐文治因为自尊与责任，他选择了离开，选择了舍弃，放弃了爱情，选择了逃离，只为了成就她事业上的“更上一层楼”，他说：“离开我，你会过得更好。”他说，我们都太爱自己了，两个太爱自己的人，是没法长相厮守的。

那是一种伟大，更是种疼痛。

时光错漏，徐文治流落在另一个女人的生命里。而蜻蜓，最终一个人去取回了两个人的结婚戒指，一个戴在自己的无名指上，另一个串成了项链，挂在了脖间。

正如故事里所说：当我们顿悟了自己的自私，在以后的日子里，也只能够爱另一个人爱得好点儿。

大多数的女人，都和周蜻蜓一样，一边纠缠着爱或不爱的问题，一边义无反顾地爱着那个人。但却很少能在爱着的时候顿悟，不是不爱，只是我们都更爱自己。

爱没有那么单纯。都说爱情是没有理由的，其实不是。**其实爱一个人，无非是想被爱，再多爱的欲望，都比不上被爱的欲望。**

当爱你和爱自己产生冲突的时候，他会选择爱自己。而当爱他和爱自己产生矛盾的时候，你也会执着于自己的感受耿耿于怀。许多人不是不相爱，却最终没有走到一次。或许，是都还太年轻；或许，是太自私。

张小娴说："也许，每个女人都希望生命中有一个杨弘念，一个徐文治。一个是无法触摸的男人，另一个脚踏实地。一个被你伤害，为你受苦，另一个叫你伤心。一个只适宜做情人，另一个却可以长相厮守。一个是火，燃烧生命。一个是水，滋养生命。女人可以没有火，却不能没有水。”这何尝不是代表了女人们一种对爱的贪婪和自私？

爱，真的是美在无法拥有吗？上面故事的结尾，蜻蜓说，依然愿意用十分的酸来换一分的甜。只是，人能够飞向未来，却不能回到过去。**也许上天让一个人和你相爱，就是为了让你了解自己的贪婪、任性和自私。**当你了解了这样的自己，或许，你才可以真正可以和一个人长相厮守，才可以真正终于拥有一份绵长的幸福。

一切也可以解释为太年轻。**太爱自己的，都是爱情里的傻瓜。因为你还不懂得如何爱自己。真正的爱自己，恰是真诚地去爱别人，只是别丢弃自己。**当你明白自己要什么，也许你就不会任由自己像徐文治这样，一而再地去伤害那个爱你的人，也伤了自己。你也不会像周蜻蜓这样，无助到即使自己不爱，也贪婪地接受着另一个人对你的爱。就不会一段爱情在经历了分分合合，合合分分之后，剩下的只是疼痛。

离别与重逢，是人生不停上演的戏。张小娴说，**离别是为了更好地相聚。只是，不再是同一个人。**

在时间面前，
一切悲伤都会冲淡

你愈努力想去忘记，你愈是无法忘记。仍然爱着他，忘不了他，是理所当然的事，不必觉得惭愧。

——节选自张小娴《怎样忘记他》

有些事情，愈想拼命去淡忘，结果却是印象更为深刻。

就像好奇这回事一样，你越不告诉他，他越按捺不住想问个究竟。“遗忘”这件事，是逼不来的。

不必急于去忘记什么。你那么刻意地想要不再记起，无非是因为你已经不认同自己对他的爱，你以发觉自己还在爱着他而感到愤恨，羞耻。这当然是可以理解的，往往一个想要忘记的人，他必然不那么爱你。而自己却总是屡屡记起一个不爱你的人，那种悲愤的感觉可想而知。

但遗忘，总是有一个过程的。不必否认自己的感觉，毕竟那个人能让你爱上，自然有他与众不同之处。也许他唯一不能让你满意的，只是他没有那么爱你罢了——这并不是他的错。

无须逼自己去遗忘，因为忘不掉，是因为还没有放下。因为心中还有念想，还在留恋那甜美的曾经，还存有希望，期许未来会改变。

李碧华有一句话说，女人如果真的想忘掉，就一定可以忘掉。

时间会让你的眼睛慢慢变得更加明亮，看得更清晰。

张小娴说："有一天，你从浴室洗了一个澡出来，扭开唱机听听自己喜欢的音乐，你忽尔想起，你曾经爱过一个人，啊，原来你爱过这个人，那仿佛是很遥远的事，你已经一点儿感觉也没有了。这就是忘记。"（张小娴《悬浮在空中的吻》）

有一个人出门办事，跋山涉水，经过险峻的悬崖，一不小心，掉到了深谷里。眼看生命危在旦夕，双手在空中攀抓，刚好抓住崖壁上枯树的老枝，总算保住了生命。忽然看到有一老者站立在悬崖上，慈祥地看着自己。此人看见救星，赶紧求老者说："求求您救救我！"

"我救你可以。但是你要听我的话，我才有办法救你上来。"老者说。

"我全都听你的。"

"把攀住树枝的手放下！你就能解脱出来了。"

此人心想：手一放，势必掉入万丈深渊，哪里还保得住性命?

因此他继续抓紧树枝不放。老者看此人执迷不悟，只好离去。其实那人离地面仅仅有一米。

执着是一种病，而且需要自医。忘不了，因为还抱有幻想。故事中的人顽固地想象着脚下就是万丈深渊，就像我们执着地期待着爱情会再延续。

又或者是，他还没有让你痛到极致。你还可以再多承受一些。

一个苦者对老和尚说："我放不下一些事，放不下一些人。"和尚说："没有什么东西是放不下的。"他说："这些事和人我就偏偏放不下。"和尚让他拿着一个茶杯，然后就往里面倒热水，一直倒到水溢出来。苦者被烫到，马上松开了手。

这个世界上没有什么事是放不下的，痛了，自然就会放下。只是这种痛，太痛。当对方的行为触及到你的承受底线时，一切的爱都荡然无存了。只是这样，是一种多么残忍的忘却。

不如让时间这副良药来告诉你，幻想终究只是幻想。

慢慢地，当有一天，别人提起某某，你才猛然想起，你曾经爱过这个人，现在已经不记得了。这就是忘记。或许，十年后的某一个夜晚，你还是会在梦中看到他的身影。但你不会再辗转反侧，痛不欲生，只会在梦醒后的早晨，轻轻叹口气，接着便去洗脸刷牙。

所以，无须强迫自己忘记，对自己好一点儿。别等不该等的人，别伤不该伤的心。有些人，注定是生命中的过客；有些事，是人生的无奈。与其伤心流泪，不如从容面对。爱的时候，让他自由；不爱的时候，让自己自由。也许有一些刻骨铭心的记忆，很久很久都挥之不去，但是没有关系，不需要像删除记忆卡一样，从大脑里抹除那一切。只须，轻轻地放下，不再执着。剩下的一切，交给时间。

在时间大神面前，一切悲伤都会被冲淡，只会余下些许惆怅之情罢了。

Part 5

把这个难题交给我，你只要幸福就好了

我们像两个活在童话世界里的人，
只要脚尖碰触不到地，
一切好像都不是真实的，
他也好像不是真实的。
但看到他的笑脸，
痛苦也好像变轻了。
至少，世上还有一个男人，
愿意陪我玩旋转木马。

不要为任何巧合
太兴奋或过分伤感

不要为任何巧合太兴奋或过分伤感。只是，你和我都宁愿继续相信，某些相逢，是命里注定。

——节选自张小娴《我们相逢的机率》

相逢是一件多么美妙的事。两个人，原本你不认识，我也不认识你。在一个时间点，不赶早也不赶晚，于茫茫人海之中，遇上了，并且产生了化学反应，由相识相知，进而相爱，彼此成为了对方不可缺失的一部分。

往往当他没出现的时候，我们会在心里无数遍勾画那个人的样子。可是一旦他出现了，一切的标准、想象都不重要了。也许他完全背离了曾经的幻想，但就是爱上了他。

有时候，我们会想，是否冥冥之中有一只无形的手，在主宰这一切呢？不然，如何去解释这一场奇妙的相遇？

我们习惯把一些解释不了的事情归结为宿命。有些人来了又走，他是命中注定的过客；有些人，虽分手却久久不能忘，他是生命里注定的癌症，是你的克星。于是有很多人相信星座、塔罗牌、生肖、占卜，**我们就是不太愿意去相信，生命中有很多偶然，有很多巧合。**

当我们在离家很远的地方遇到一位陌生人，并发现彼此拥有共同的朋友，大部分人都会非常讶异，并且惊叹缘分。但其实，没什么，只是巧合而已。

麻省理工学院一群社会科学家做了一个研究，他们发现在美国随机选出两个人，平均来说，每个人差不多认识一千人，所以虽然这两人彼此认识的概率是十万分之一，可是他们共同认识一位朋友的概率，会遽升至百分之一，而他们经过两个中间人认识的概率，事实上比百分之九十九还高。换句话说，如果在美国任意选两个人——彼德和玛莉，那么几乎可以肯定彼德的某位朋友的朋友认识玛莉。

虽然我们都愿意相信“缘分”这件东西。张小娴说：**“不要为任何巧合太兴奋或过分伤感。”**也许一些不过都是巧合。只是通常我们愿意给它冠上“缘分”这个词。但我们既然有缘遇见，有缘相爱，为何最后又消失在人海？为何彼此仍然相爱，却不能在一起？

缘分到底是什么？有人问隐士。隐士想了一会说：缘是命，命是缘。此人听得糊涂，去问高僧。高僧说：缘是前生的修炼。这人不解自己的前生如何，就问佛祖。佛不语，用手指天边的云。这人看去，云起云落，随风东西，于是顿悟：缘是不可求的，缘如风，风不定。云聚是缘，云散也是缘。

所谓感情和缘分，都和云一样，万千变化。时而汹涌澎湃，时而落寞舒缓。聚散有时，可遇不可求。缘起而聚，缘尽而散。何必苦勾留？

戒掉心中的瘾。一本书说：瘾让一个人与一件事物联结，或许是上帝，或许是爱，在最脆弱的时刻，也正是感到无助、臣服的时候，这时它进来了。**我们的瘾，就像一个伤口，让它能因此而进到我们的生命中。**

领悟了缘分，戒掉了心中的瘾，沉重的心就能像羽毛一般地轻盈。感情也好，缘分也罢，都有它的生长和起伏。难过的时候，看看天上的云卷云舒，放松心情，学会顺应缘生缘灭。

该结束的总会结束，不管你愿不愿意

在你的字典里，爱情是有所谓“不可能”的吗？认真地爱过之后，你才领悟。有些爱，的确是不可能的。开始的开始总是甜蜜的，后来就有了厌倦、习惯、背弃、寂寞、绝望和冷笑。曾经渴望与一个人长相厮守，后来，多么庆幸自己离开了。

——张小娴《不可能爱你》

爱情最美好的阶段，莫过于互相喜欢，又还未表白的那个时期。一面默默欣赏着TA的一举一动，心底弥漫着越来越强的爱意；一面感受着TA悄悄的注视，享受着情愫渐生的甜蜜。

每一个微小的情绪都能被他捕捉，一抬头就能触及他关切的眼神。就像是冬日里的一杯热热的奶茶，握在手中，却一直暖到心里……

疲惫的下班路上，有他的短信一直相伴；临睡前，他温柔的一声晚安，让睡梦中的脸都不知不觉地浮上了一丝浅笑；每个赖床的清晨，因为他的催促，洗漱都变得匆忙而轻快，刷牙时情不自禁地哼起了小歌。是那么想要时间过得快一点儿，好一下班就能赶去他的约会；是那么想要工作顺利一点儿，不要影响和他的见面，否则就会烦躁不安；是那么想要把自己打扮得美一点儿，唯恐在他面前出现一丝丝的不完美。

不需要多说，在对方的眼神里，那种满满的喜欢快要溢出来。不需要表白，挂在脸上的甜蜜笑容已表明心迹。还需要再说什么？爱情来了，尽情地拥抱吧。

一切自然而然地来了，牵手，拥抱，亲吻，自然而然地成为一对最甜蜜的情侣。羡煞旁人。

多愿，这样美好的日子长一些，再长一些……只是，一切都会变。

张小娴说：男人和女人，一旦睡过，就会对对方有要求；有要求，就有埋怨，有埋怨，就有痛苦；有痛苦，就有怨恨。

一切都变了。我们不再像初遇时那样，只要每天看见TA的笑脸便已足够。女孩开始抱怨，抱怨他不再像以前那样，那么关心和体贴。为什么不再有深情的注视，为什么不再像以前那样，一丝丝委屈和不快都能被他看见？男孩开始疑惑，她为什么不再像以前那么开心，为什么越来越多抱怨，似乎很不满？脾气也越来越臭了……

我们开始了争吵，开始了伤害和互相折磨。我们各自专注着自己的伤口，却忘了TA的伤口也在淌血……默默地等伤口结痂了，却在又一次失望之后，毫不吝惜地狠狠撕开它！习惯了失望，美好的感觉不再，夜深时分，看着他的睡脸，心里不再是温柔的爱意，而是无奈和陌生。开始失眠，厌倦争吵，只想一个人安静……

也许在很久以后的某一天，忽然无端地伤感，会打个电话给他。

未说话已经哽咽，他仍然关心你，会被你吓得连忙问：

“是不是撞车？是不是给领导骂？是不是哪里不舒服？”都不是。你说：“只是想听听你的声音。”

这样的桥段，似乎每个分手后的男女都会有。

因为，我们都害怕寂寞。当彼此离开之后，我们发现这寂寞清冷得让人无法承受。但是，那又如何呢？该结束的总会结束，不管你愿不愿意。

张小娴说：**当时间过去，我们忘记了我们曾经义无反顾地爱过一个人，忘记了他的温柔，忘记了他为我做的一切。我对他再没有感觉，我不再爱他了。为什么会这样？原来我们的爱情败给了岁月。**

而最残忍的是，岁月没有给你留下太多的甜蜜，而是留下了太多的伤痛。当你回想过去的时候，还能记住那甜蜜、动人的开始吗？

没有一种悲伤，是不能被时间减轻的

有时候，我们不肯放手，只是找不到更好的。但你不放手，又怎可以找到更好的？一段爱情，如果只有过去的回忆，而没有现在的温暖和将来的快乐，那么，为什么还要互相折磨。

——节选自张小娴《去不到终点的列车》

当初牵起彼此的手，说好了一直走下去，为什么说放弃就放弃了？在她想放弃的时候，他竟然没有挽留。不甘、不舍，多少个辗转难眠的夜，苦苦地思索，到底是什么让两个相爱的人走到这一步？就这么放手了，连个答案都来不及明白。

在分手这件事情上，可以看出不同的性格不同的反应。生活并不是电视剧，没有那么多不得已的苦衷。**分手的理由，大多数都只有一个：不喜欢你了。**

但毕竟是一起相处过的人，没了爱情，还有感情。无论男女，谁都不忍伤害对方。只有把理由讲得尽量委婉些。

也许是出于自尊，也许是头脑要清晰些，男人，大多了解个大致意思，也就不再继续纠缠。挥手告别，要么做回普通朋友，要么自己走开独自疗伤。

女人，却往往势必没那么容易罢手。张小娴说："十个失恋的女人之中，有九个喜欢找对方出来说清楚，不是说清楚，便是问清楚。"（节选自张小娴《说清楚》）

其实问清楚了又如何，结果已经很清楚地告诉你了，不爱了，不要了。问得再清楚，你也不能对这个结果释然吧？还是免不了怨恨。

爱之深，恨之切。所有的"为什么"都化作了心里的那一丝怨恨。**似乎只有恨那个人，才能够继续爱他。只有持续地恨他，才感觉那个人并没有真的离开，一直都存在心底。只是，换了一种方式。**

也许当有一天，当时间让我们忘记了爱情的时候，才发现，爱应跟着关系而结束。把他说得那么坏，其实何尝不是在一遍遍地伤害自己。当时间过去，爱恨都随风而逝，留在心中的仍然是当初那个明媚的笑容，抑或是两张，开心对视的笑脸。原来，那个人留下的，不全是痛苦，还有很多温暖的回忆。

什么是爱情？茫茫人海中，有谁注定会成为最后一个？也许最想相爱一生的人，往往到最后都不是对方的一生。也许爱情只是一段短暂的同行，我们携手走过这一段，下一个路口，要说再见，但这一段路，幸在有你陪伴。

张小娴说：不要在爱情结束后，把那个你曾经爱过的人到处指责，将TA说得一无是处。没必要的，既然留不住心，不如留下那份感情的纯洁度，蒙了尘，也就减损了回忆的价值。

偌大的世界，相聚和别离如同每一个初见，都是美妙的际遇。只是当时，分离的美丽，是带着疼痛的。但这一段旅程，我们都被对方感动了，也被自己感动了。也许，美好的爱情就是在能爱的时候，互相珍惜；在无法爱的时候懂得放手。因为放手才会拥有一切。

恶语相加只是，因为还放不开。还对失望耿耿于怀，以至于对爱情的纯度产生了怀疑。爱会蒙蔽双眼。当这层面纱被时间轻轻地、彻底地揭去时，会感受到，两人原是那么相爱。没有相爱，就没有期待；没有期待，就没有失望；没有一次次的失望，就没有绝望。就不会分开。也许他最大的错误，就是这么爱你，又是如此令你爱他。

分手后，我们不可以做朋友，因为彼此伤害过；但也不能做敌人，因为曾经相爱过。就让时间把回忆封存。不要刻意去忘记什么，也不要试图去诋毁什么，爱过也就爱过，直面曾经，经历了，明白了，成熟了，深深地喜欢过，也深深地伤害过，就够了。那些曾经美丽的片段，就当是对爱情最好的祭奠。安安静静地把他，放在记忆里。

没有一种悲伤是不能被时间减轻的。但有些回忆却不会因为时间而蒙尘。人是一种很聪明的动物，假以时日，都会选择让一些不愉快的事情成为过去，而让一些美好的东西长留心底。时不时，等地铁的时候，仰望天空的时候，目无焦点地看向大街上的人流时，你会选择让它出来陪伴你，度过这无聊的几秒钟，温暖下你的心，然后，继续前行。

就把这个难题交给我，你只要幸福就好了

我爱你，为了你的幸福，我愿意放弃一切——包括你。

——张小娴《男孩和女孩的故事》

如果说，爱情是女人一生要去弄懂的话题。那么“不要爱上一个不爱你的人”，一定是少不了的一堂课。

欢天喜地的爱上了一个人，花尽一切的心思来打扮自己，身上一切，看似不经意，却是苦心经营，希望他快乐。

每次约会之前，总是花上很多时间选衣服。新买的衣服，要首先穿给他看，如果先穿给别人看，会觉得那样对他不公平，因为他应该得到最好的。

爱人的滋味是美妙的，但或许这种美妙的滋味也是不可分享的。

他不会明白，你为了见他，特地去为自己添置了新衣服。明知那天可能会下雨，并不适合穿裙子，但你仍然忍着冻，打扮得漂漂亮亮的。他和你见完面就走了，或许只是为了还你一件东西，或者

什么其他无关痛痒的小事。他当然不知道，你回去感冒了。即使他知道，客气地叮嘱你一声：好好休息。你又怎么能告诉他，你这都是因为他？

张小娴说："爱他的心，只有自己明白。"

如果有幸，你终于有一个机会同他在一起，或许你还能告诉他曾经你为他做的一切。但，他若不爱你。这一切就都是你自己的秘密了，而且是有些苦涩的秘密。

当有一天，终于发现，其实他并没有那么爱你。甚至，和你在一起，让他感觉到痛苦。你终于离开了，为了自尊，为了他的幸福。

我爱你，跟你没关系。

谁说爱情是两个人的事？一直都是我一个人的事。爱你，所以不敢再继续爱你，不愿用我的爱把你绑架，宁愿隐藏自己的泪光，只为看到你的笑颜。张小娴说，爱一个人很难，放弃自己心爱的人更难。就把这个难题交给我，你只要幸福就好了。

也许能留给自己的，只是一个挺直脊梁的背影。也许唯一期盼你的，就是记住我的背影。

同居男女，大多用的是男人的住处。这就是女人的软弱之处吧。

所以分手的时候，走的是女人，而不是男人。

张小娴特意在《一只失恋的皮箱》里面，强调了女人，应该以怎样的姿态，从男人的住处离开。她说，要有一只体面的皮箱，千万别用红白格子的编织袋，多么地狼狈和寒酸！反倒显出自己的凄惨。

是啊，分手，虽然是一件悲伤的事。但至少，**结束一段痛苦的恋情，无论是谁从这个门口走出去，都是走向自由。**这是一件多好的事，理应带着轻松的心情整理你的行装。不须流露出沮丧和不舍，因为不须要他的同情。

“当然，一只适当的皮箱不可能挽回男人的心。”张小娴说。**体面地离开，不是为了挽回对方，而只是为了挽回自己。既然为了你，我选择了主动离开，那更应该潇洒、漂亮，而且优雅。**

我希望你记住我这个倔强、美丽的背影，我也希望你记住我对你最后的成全。你可以因此而感念我，但请不要和我，或是和别人说：“她是一个好女人。”我不需要，这样的评价。

张小娴说：“为了让你幸福而离开的人，也是一个好人吧。”

我从不否认，我是一个好女人。但是无论你是否爱我，我希望在你眼中，我至少也是一个特别的人。因为，那至少代表，你认真地了解过我。

“好人”，这是一个多么讽刺的称呼。你这么说，无非是为给我一些体面。

张小娴说：“通常男人拒绝一个女人的爱，会委婉地跟她说：“你是一个好女孩，我不想负累你。”为了令她优雅下台。“

谢谢你，顾全我的体面。

好人在情场中一贯是不太吃得开的。男人不坏，女人不爱。其实女人不坏，男人也不爱。当然这样的“坏”，在喜欢的人眼里，都无非是一种无伤大雅的情趣罢了。同理，“好人”，在他的眼里，也无非是一个不坏，但却让人兴趣寥寥的一个普通角色罢了。

请不要说“你是个好女孩”，那对我而言只是一种嘲讽而已。我只希望，在你心里留下一丝倩影。而我给自己的，或许是学会了张小娴的这句话：**“一个人最大的缺点，不是自私，不是多情，不是野蛮，不是任性，而是偏执地爱一个不爱自己的人。”**

离开的时候，也要好好的

在情场上，要尽量得体。你喜欢别人，别人不喜欢你，不要死缠烂打，也不用骂他没眼光，鞠躬离场，微笑道别。

——节选自张小娴《思念里的流浪狗》

人的一生也会有很多次告别，而每一次告别都伴随着阵痛。其中最痛的，莫过于心爱之人的离开。又或是，不得不离开心爱的人。

张小娴说，世上有很多东西是可以挽回的，比如良知，比如体重。但不可挽回的东西更多，譬如旧梦，譬如岁月，譬如对一个人的感觉。**放弃一个很爱你的人也许并不痛苦，放弃一个你很爱的人才是痛苦。**

曾经我们都以为自己可以为爱情死，但是，其实爱情死不了人，它只会在最疼的地方扎上一针，然后我们欲哭无泪，辗转反侧。久病成医，百炼成钢。终于明白，你不是风儿，我也不是沙，再缠绵我们也到不了天涯。擦干眼泪，生活还要继续。

既然如此，何必哭天抢地，把自己弄得那么不堪。

张小娴说："在情场上，更要尽量得体。你喜欢别人，别人不喜欢你，不要死缠烂打，也不用骂他没眼光，鞠躬离场，微笑道别。"（张小娴《思念里的流浪狗》）

爱情是女人最重要的东西。但尊严，却是一个人最重要的东西。首先，我们是人，然后才是女人。**作为女人，可以没有爱情，但作为人，却不能没有尊严。**

被他放弃，无非成为了一个暂时失去爱情的女人。可是如果再失去了尊严，就变成了一个可怜的人。

说到底，还是尊严更重要一些。爱情是有变数的，没了还能再有。而尊严，却是一个女人最漂亮的装束。

爱情里有数不尽的变数，我们设想了无数种美好的未来，可就是没有想到，有一天，我们的心不再炙热，我们的爱失去了温度；有一天，他像曾经爱我那样爱上了别人，我不再是他的宝贝；有一天，我们将不得不面临永远的分离，而所有的努力都徒劳无功……

有时候，我们难免会被人请下台。不是因为你不好，而是，总统也有任期。有时候，你也会赶别人下台。只是，离场的时候不能丢掉风度。男人也许很坏，但不管是好男人，还是坏男人，都懂得欣赏女人的美。心痛在所难免，然而却好过了无尽的纠缠，与其骂骂咧咧，不如微微一笑，优雅地离开。女为悦己者容，琴为知己者听，何必用自己高贵而美丽的生命去守候一个早已对自己无心的躯壳？留给他一丝倩影，当是对过去的告别。

我若离去，后会无期。

无需怨言和仇恨，因为我离开的不是爱情，而是一个无爱的怀抱。也无需忧虑和怀念，因为一切都将成为过眼云烟。做一个聪慧的女子，不要让逝去的乌云遮住双眼。

失恋的阵痛比不上女人分娩，可是，这种阵痛却是最能叫人成长的。它让你认识到自己内心的能量，让你展示出特别的优雅和美丽。

没有别离，就没有重聚，没有新的开始，也没有更好的遇见。烟消云散处，阳光依然灿烂；爱情，依然会光顾。如果有一天我们在路上重逢，我会告诉你："我现在很幸福。"

爱一个人，先爱自己

不管你爱过多少人，不管你爱得痛苦或快乐，最后你不是学会了怎样恋爱，而是学会了怎样去爱自己。

——节选自张小娴《爱情是一个人的事》

莎士比亚说：女人，你的名字叫弱者。不要为这句话愤怒。这是生理构造决定的，女人就是没有男人有力气，不对吗？无论是感情，还是性，都是由男人主导的，不是吗？也可以说，女人希望这些事都由男人来主导。

男怕入错行，女怕嫁错郎。为什么会有这句话？因为女人选择了一个怎样的男人，就选择了一个怎样的人生。所以，女人们用了最大的耐心，花费最大的力气，用了全部的智慧，来为自己寻觅一个理想的人生。

再高傲的女人，再强悍的职业女性，内心深处无不希望能够找到一个，能让自己依靠的肩膀，因为女人骨子里，确实处于弱势。**女人的弱，不是弱在能力，头脑。而是，弱在感情。**在恋爱中，女人是看感觉，看感情的，追求的是精神；而男人，首先是看荷尔蒙，看性的吸引力的，他们追求的是实在的好处，男人是物质的。这决定了，**爱情中，女人比男人更容易受到伤害。**

但是，面对这种局面，再强的女人，也无力去改变。因为我们无法改变自己的性别，无法让自己变得和男人一样逐利，无法不感性用事。于是我们无奈之中，只能期望于遇到一个特别的男人，一个不忍心伤害你的，愿意以你的幸福为快乐的男人，呵护你一辈子，不让你受到伤害。能伤害女人的只有男人。但能保护女人不受伤害的，也只有男人。

所以女人，总是毫不怀疑地把自己未来的幸福，寄希望于遇到一个男人。不遗余力地去找寻那个人。曾经以为，为爱可以不顾一切。但找寻的过程却原来是如此痛苦，难以承受。

痛过之后才明白，原来，**在确定那个人已经出现之前，无论对谁，还要爱自己多一些。**

无论你怎样培养一个男人，怎样为一个男人委曲求全，你的另一半就在那里。如果你还没遇见他，那你在别人身上如何花费心思，也不能让他取代你真正的另一半。

当女人彻底地爱上了一个人，无论她从前是个多娇生惯养的女孩，她都能忽然就变成洗衣拖地煮饭的居家女人；无论她从前是个多万千宠爱的大小姐，她都能放下脾气和骄傲去辛苦地受人脸色，辛苦赚钱。爱让她整个人都升华了，为她整个人染上了一层伟大、悲壮的色彩。天后王菲为窦唯倒马桶又算得了什么？多少女人，为了实现心爱男人的理想，付出了所有。

可是张小娴说：**三十岁前，相信男人口中的理想的，是个浪漫的女人；三十岁后，仍然相信男人口中的理想的，就是个彻尾的蠢女人。**

多少男人配得上女人这样的爱呢？幸运的，成为糟糠之妻。男人功成名就之后，只要没抛弃你，就已经算是天大的恩泽，而你，失去了青春，失去了自我，只剩下一副连自己都不喜欢的衰老容颜。不幸的，消耗了许多青春在理想青年身上，终于发现他所有的理想，都只是谈谈而已。你把自己奉献给了爱情，却发现你的爱根本就是个笑话，根本不值得。

女人这时才顿悟，爱你的不需要你奉献，要你奉献的只是需要你而已。与其把自己的人生拴在一个不确定的男人身上，不如把希望留给自己。

至少**在遇到那个人之前，宁愿高傲得发霉，也不要委屈地恋爱。**过去或今天，你说过这样一句话么？“我做错了什么，你告诉我，我会改的。”当你舍弃尊严的时候，通常是得不到回报的。

张小娴说，**爱一个人，你是会自爱的。**一个不爱自己的女人，又哪来的能量再去爱别人。耐心耗尽，最终只能是无力再爱。终究，你最大的体会无非是，**无论恋爱与否，唯一不能停止的，就是爱自己。**

愿有个人，
陪你坐旋转木马

如果没有重逢，没有再走在一起，也许，他会在他的回忆里留得最久，你会刻骨铭心地记着她，会幻想和他再爱一次。然而，当有机会再走在一起，幻想却破灭了。爱火重燃，只能使一段旧情无法永恒。

——节选自张小娴《爱火，未许重燃》

最美的爱情就应该在最好的时候分开。

可人是多么的贪婪……总是想把爱情的芬芳吸尽，一丝都不剩下。就想用那仅有的回忆来陪葬，都不在乎。

一段深重的爱是值得一辈子来回忆的。但你得熬过分手那一段的不舍，得平静了自己的心，待一切爱和怨都如风逝去。熬不过，舍不得，又回去找他了。或者，他来找你了，终于还是忍不住抱紧了他，就此不想放手。以为，这一次或许，可以长久。还是根本不会去想是否长久，只想尽情去爱，多爱一秒是一秒。如此渴望，如此不想松开手，让这一段已经破裂过一次的感情再垂死挣扎一下，哪怕片刻也好。

最后的最后，无非是心如死寂。女人对爱情的执着，在程韵的身上体现得淋漓尽致。跌跌撞撞这么多年，她和林方文，合了又分，分了又合。在已经平静了那么久之后，都以为可以放下了，结果，林方文回来了，她的爱火又重燃了。她的爱情，卑微、无私到了骨子里，可却并没有“有情人终成眷属”的欢喜结局。一对明明相爱的人，最终却是一个无言、暗淡的结局。

如果当初第一次分手的时候，就坚强地不再回头，林方文是不是就会稍微地懂得珍惜。

非得伤透了，绝望了，连想都不愿意想起了，才无奈地走开。何尝不是对自己、对过去的残忍？

分手之后，无数次地在心中设想，下一次遇见，会是一个怎样的场景。我们会在街道的拐角、在咖啡店里、在一个新的公司，或者在一个异乡再次重逢，再撞见我的那一刹那，他的眼里一定是还有记忆中的温度，脸上带着自己都没有察觉的欣喜。也许，还能再续前缘。

这样美好的幻想，一旦出现在现实生活中，大多数却是更加悲剧的结局。

程韵和林方文复合之后，去坐旋转木马。木马在风中回转的时刻，程韵在心中感叹——“我们像两个活在童话世界里的人，只要脚尖碰触不到地，一切好像都不是真实的，他也好像不是真实的。但看到他的笑脸，痛苦也好像变轻了。至少，世上还有一个男人，愿意陪我玩儿旋转木马。”张小娴《面包树出走了》）

就为了这一刻的满足，我们忘记了过去的背叛和伤害。忘记了，其实这个男人并不是那么地爱你。或者，他并没有给你幸福的能力。既然他可以伤你一次，为什么不能再有？一个男人并不会因为你和他分手，就变好了。他还是那样，只是你又天真地相信了。

爱火，还是不应该重燃的。重燃了，从前那些美丽的回忆也会化为乌有。如果我们没有重聚，也许我会带着他深深的思念活着，直到肉体衰朽；可是，这一刻，我却恨他。所有的美好日子，已经远远一去不回了。

我们总是以为爱情可以弥补人生的遗憾，自己做不到的事，去不到的地方，总是希望能有一个人帮你实现。比如，从小乖巧的女孩总是会爱上不羁的浪子，希望可以跟他去流浪人生。颠沛流离的女孩，却希望可以找个老实安分的居家男人，能和他一起，过上安定的平淡生活。

但，现实并非如我们所愿。往往，爱情不仅没有满足我们的梦想，反而却给了我们更大、更多的遗憾。

张小娴说：“生活就是要我们在遗憾中领略圆满。**我们从分离**

的思念中领略相聚的幸福。我们从背叛的痛苦中领略忠诚的可贵。我们从失恋的悲伤中领略长相厮守的深情。”（张小娴《面包树出走了》）

如那首歌《爱火重燃》里唱的：

时代在变迁 / 光阴逝似飞箭 / 别后数年

前尘幻作烟 / 深知聚散隔一线 / 是没有缘

世事那许会如愿 / 再不想当天

为何又相见 / 当天逝去那么远在从前

为何又相见 / 沧桑是这两张脸 / 没怨言

岁月已改变

难寻旧梦片片……

留住美好的日子，午夜梦回时重温那份温暖，好过有一个再也不愿回首的糟糕结局。

在重逢未有到来之前，你不用害怕自己无法忘怀一个人

清醒一点儿吧，世上没有未完的事，只有未死的心。

——张小娴《故事已经完了》

张小娴说："有些女人，虽然已找到了幸福，却仍然会想念旧情人。**多少年来，她总觉得她和他的故事还没有完。**"

这种心情，似乎我们都有过。青葱岁月，我们因为一些没有明说的原因，而和旧情人擦身而别。或许是因为那时候的我们，还有着年轻人的倔强，不愿意坦白内心的感受，很多未解之题，就那么错失了解开的机会。

多少年后，我们仍然耿耿于怀。内心深处总是觉得遗憾，似乎还有些未尽之事。难道不需要一个正式的礼仪么？我们连正式的告别都没有。至少，应该有一个告别的拥抱吧。

女人对于感情的事，总是过分执着。如果女人把对爱情的执着放到事业上，一定可以和男人一样出色。或者，把这种执着放在对

自己个人修养上，一定会修炼得非常优雅美丽。但似乎，爱情就如同事业和财富对于男人的意义，是要毕生追寻的。有时候明明很绝望地离开了一个人，过了一阵子，就好了伤疤忘了疼，又开始期待和他的故事。或许，也是因为，在心中，和他的故事并没有完结。

在电影《无人驾驶》里，高圆圆和刘烨扮演一对大学时期的恋人，他们在十年后重逢，干柴烈火地发生了一夜情之后，高圆圆竟离他而去。男主角愤怒不解地问道："难道你只是想弥补一下当年没有做完的事？"

也许是一次性，也许是一个分别的拥抱，抑或是一句伤感的"对不起"，我们总是以为和他之间还有一些事情需要交代，还有一些未尽的事。于是，总在无意识地期待着和他重逢的那一天，继续未完的故事。我们告诉自己说，没有想要什么结果，只想让这个句号画得圆满些。

可惜，**所有的重逢，都是想象比现实美丽的。**期待重逢的两个人，已经各自爱上另一个人。直到某年某天，他们在某地相遇，那种陌生的感觉会告诉你时间有多么残忍。

分手之后，我们就是最熟悉的陌生人。曾经我们离得那么近，但分手之后我们只不过是曾经很熟悉的一个陌生人。既然彼此已经从对方的生活里退出，那么关于你的任何事都已经无所谓了。是对，是错。是爱，是不爱，都没那么重要了。

张小娴说："没有人会去在意故事的结尾是否潦草，除了不想让这个故事结束的人。失恋之后，必须现实一点儿，一切已经完了，各有天涯路，多么不舍，也要放手。"

人活一世，不必太清醒，糊涂一点反而会多一些舒心。但是在爱情里，女人还是清醒一点儿好。太多浪漫的想法，在真正的爱情世界里并不适用。

女人的天性总是渴求浪漫的。所以迷恋偶像剧、泡沫剧的都是女性。无论是师奶，还是小姑娘。我们之所以迷恋韩剧，除了喜欢那英俊帅气的男主角外，还因为那浪漫、凄美的故事，总是让我们不经意地就把自己代入其中，仿佛自己也经历了一场那样感人肺腑的爱情。

可惜，**现实中的爱情却不如小说或电影中的爱情，那么郑重，必须要有交代。**常常我们来不及去给它写一个美丽的结局，因为濒临分手的时候，这段爱已经令人痛苦得不能自拔。只想快快结束，至于是在一个雪天相拥告别，还是一个雨天抱头痛哭，那都不重要了。

重要的是，我们两人的故事，已经完结了。

或许渐渐可以从伤痛中抽离的时候，也会后悔，结束得太潦草。似乎对这一段感情有些不负责任。可是，那又如何呢？都已经成为过去了。在时间的烟波里，慢慢地就化为云烟，来不及回忆，就随风而逝。

张小娴说："在重逢未到来之前，或许未完待续的结尾已经被你彻底地忘却。你根本不用害怕自己无法忘记一个人。"（张小娴《在眼波里》）

人们是如此健忘，甚至和他最后一次见面是何时何地，都再也想不起。时间会让你死心，会让你输得心服口服。所以，不如清醒一点，别再犯傻，笑一笑，让它过去。爱火燃尽，一切就已结束，无论是如何潦草，也已经结束了。他既然走了，就不打算续写和你的故事。一些美好的幻想，还是留待给下一个新的人吧。

曾经长夜里拥抱，如今深夜里痛哭

世上有很多东西是可以挽回的，譬如良知，譬如体重，但是不可挽回的东西更多，譬如旧梦，譬如岁月，譬如对一个人的感觉。你曾经爱过他，但是那份感觉已经逝去了，无论多么努力也是无法挽回的。

——节选自张小娴《放弃了就不要可惜》

曾经在公交车上看到两个男孩扶着一个白领模样的男孩，几乎是滚着下车，因为那个男孩醉得一塌糊涂，两个同伴都搀扶不住。他醉中犹在痛苦地呼唤着一个女孩的名字……分手是件那么痛的事。

张小娴说：**有相逢就有别离，可是每个人都害怕别离。**大家都知道，最后一次的别离就是死亡。我们口里说“天下无不散之宴席”，心里却舍不得喝掉手中的酒，还想再唱一支歌，再唱一支歌。你可不可以不走？

女人都是心口不一的动物。明明是那么爱他，却叫他走。可当他真的转身的时候，就听见了自己心碎的声音。转过脸，难过成他不知道的样子。可是，叫他走就走的男人，其实是留不住的。既然他忍受不了你的缺点，他就也配不上拥有你的好。放手让他去吧。

张小娴说，**爱情结束后，请选择“沉默”。**你可以喊三两最好的朋友去 K 歌，使劲吼，就唱那首“其实不想走，其实我想留”，多悲伤的歌都好，尽情地喝酒，喝醉了也好，醒来就是重生。你可以在某个时间点突然号啕大哭。不用掩饰你的不舍和伤悲，哭出来，心里会好受一些。就算你是男生，也没什么丢人的，不难过只能说你没有真心爱过。

但对 TA，请用沉默来告别。无须多言，既然已经选择了放手，一切都不重要了。**爱情来来去去无非三个字，我爱你，对不起，没关系，谢谢你。**分手分得再完美，终究是伤人的。既然如此，多说一个字也不必了吧。

曾经长夜里拥抱，如今深夜里痛哭。爱情是一杯甜蜜的毒酒。只是当初享受那甘甜滋味的时候，没有想到那毒发作时候的剧痛。在爱情面前，人都是脆弱的，柔软的。再坚强的男人，也会留下伤心泪。这并没有什么丢脸的，只是代表着爱过。由最亲密的人变成陌生人，过程不是不痛的。但，痛过，该过去的也得过去。就像想放风筝的时候，风却过了。再多惆怅和遗憾都追不回来了，风过了就过了，别想了。

张小娴说：在最有感觉的时候，她没有停下脚步，那么，也不必在一起走完那段路之后，回头去寻找那些散落在地上的感觉，路已经走完。爱情中最伤感的时刻是后期的冷淡，一个曾经爱过你的人，忽然离你很远，咫尺之隔，却是天涯。曾经轰轰烈烈，曾经千回百转，曾经沾沾自喜，曾经柔肠寸断。到了最后，最悲哀的分手竟然是悄无声息。

张小娴说："虽然已不能再与他有任何交集。但，有许多方式可以帮你度过这段难熬的日子。你可以偶尔路过他的家，仰头看着那一扇窗。你走过他住的地方，只是为了治疗别离的创伤。每来一次，你更加知道，他是不会回到你身边的了。"（张小娴《走过他住的地方》）

女孩，用这种方式熬过去，并不是丢脸的一件事。刚刚失去时，心情总是难以平静。许多人纠结好几年，只是为了得到一个"你是否真心爱过"的答案。以至于分手多少年了仍然耿耿于怀。身在迷局之中时，是无论如何看不到那个谜底的。人如果处于理性的状态，情绪不会有那么多的起伏。爱或者不爱，抛除杂念，用心感知，自然便知。时间或许不能弥补伤害，但却能抚平情绪。平静了，想通了，受过的委屈也就释然了。

张小娴说："**如果情感和岁月也能轻轻撕碎，扔到海中，那么，我愿意从此就在海底沉默。**你的言语，我爱听，却不懂得，我的沉默，你愿见，却不明白。"

谢谢你离开我

你以为不可失去的人，原来并非不可失去，你流干了眼泪，自有另一个人逗你欢笑，你伤心欲绝，然后发现不爱你的人，根本不值得你为之伤心，今天回首，何尝不是一个喜剧？情尽时，自有另一番新境界，所有的悲哀也不过是历史。

——节选自张小娴《已成过去》

让女人流泪流的最多的，也就是男人吧。

有时候，我们常常会问自己：我可以爱他多长的时间？答案是很久很久。

虽然时间已经过去这么久，但他依然没有从心里走出去。虽然每天正常地上班，下班，聚会，出差。但心情，仍然笼罩在他带来的阴影之下。曾经的女孩，是那么地无忧无虑，但自从认识了他，就变得有了心事，对他的爱犹如一道枷锁，越来越沉重。旧时照片上的灿烂笑颜，似乎是一件多么久远的事了。

当相爱的人必须放弃时，不管是因为世俗，因为错过，等等，都会表达得很真实，泪如雨下，肝肠寸断，那种痛苦无任何言语能表达。这个过程中可能需要很多次反复，情不自禁地相见，放弃，偶遇，放弃，每一次都可以看到他们流血的心。或许就是这些反复，使得韩剧的篇幅十分地长，有的人就非常不喜欢韩剧，其实换位思考一下，如果换作是你，你能做到自己所期望的一刀两断吗？

近在咫尺的错过，如果相遇了，或许就可以改变余生，可是偏偏就这样错过了。让人空留余恨。不禁感叹，人生就是这样无奈，命运就是这般地捉弄着芸芸众生……

还记得多少个相拥入睡的夜晚，心里想着，这个人，没了他要怎么过？不小心做了噩梦，梦到他出事，心里撕心裂肺一般地疼痛，在他的怀中哭醒……看着他好好的，更觉悲伤一齐涌上心头，只想就此紧紧搂住再也不松手。**曾经的曾经，他是那么地重要，那么无可替代。**

可惜，天下无不散的宴席，这句话，适用于人类的一切感情。如大学同学、朋友、甚至是亲人，大多数人终将分别。人的一生中，可能爱上许多人。每次爱的时候都好想和那个人白头到老，但最终能一起白头的却不知是哪个。也许恋爱，并不是为了一起白头，而只是应该去尽情享受在一起的时间，因为你早应知道，很大的概率是分离，而白头是小概率事件。

你以为不可以失去的人，终是失去了。他也失去了你。各自度过一段各自伤痛的时间。你要去习惯，没有他陪着入睡的冰冷的床；要去习惯，房间里没有他的气息；要去习惯，从此不用再为他熨衫，不用为他做早餐，不用为他晚回家留灯。慢慢地，你就习惯了一个人过。慢慢地，不再那么想他。悲伤地发现，原来谁没了谁，生活都是这样过。只是如果有他，或许会更温暖些吧。

眼泪不能唤回曾经的感情，只能诉说心中的伤情。**能哭就好，哭泣是愈合的开始。待伤口愈合了，抚着那痕迹，或许会欣慰、会感激，感激一段终不属于你的感情彻底成为了过去。**

张小娴说，无法厮守终生的爱情，不过是人在长途旅程中，来去匆匆的转机站，无论停留多久，始终要离去坐另一班机。

当你坐上另一班飞机的时候，你会微笑。因为过去的伤痛已经云淡风轻了，所有的悲哀都已成为了历史。未来的路又会有多少精彩在前方等待着呢？

或许仍要感谢这个人，**如果没有他，就不知道痛苦是何滋味，心痛是何感受。**又怎么会明白，一个人的感情是如此珍贵，又如何能懂得珍惜？

没有人会拒绝幸福，
分手也是一种表达

两个人在一起是为了快乐，分手时为了减轻痛苦，你无法再令我快乐，我也唯有离开，我离开的时候，也很痛苦，只是，你肯定比我痛苦，因为我首先说再见，首先追求快乐的是我。

——张小娴《我微笑，是为了你微笑》

阳光明媚的午后，男人对着天空发誓，说这辈子只爱你一个，女人感动得流下泪水，以为这样的爱情会终其一生。可结局往往是，女人哭了，男人沉默了。

张小娴说："我曾经想令你快乐，无奈最后却令你痛苦，并非我愿意。"（张小娴《我微笑，是为了你微笑》）

她也相信承诺，喜欢一切美好的东西，渴望男人的诺言。她寻找幸福，然后发现，失望，有时候还是会在所难免。

她说她好怕蜘蛛，可是，要失恋的话，她宁愿放一只蜘蛛在头发里。

爱情不是一条永远平坦的大道，能够和初恋情人结合的人，凤毛麟角。**人的一生总会经历至少一次、甚至多次心碎的失恋和分手。**

对待失恋，我们宁肯做自己内心里最恐惧的事情，也不要去失恋。

一段感情，最难过的结局莫过于两个人没能走到一起。感情用事很容易，坚定地爱却很难。当我们恋爱时，你会发现。在爱面前，所有承诺、誓言、甜言蜜语都嫌得太虚弱。但当爱走到尽头，这些甜蜜誓言都显得苍白无力。这就是爱，美丽又残酷。如张小娴所描述的硬币一样，没人知道即将转出来的那一面，是正面还是反面，关键在于硬币的旋转状态。

爱的硬币，旋转出来的是快乐还是痛苦，最终留下的是爱还是恨，我们没办法决定。然而爱走到如此的结局，定有他自身的道理。占有、回报、要求、不甘、报复、诅咒、甚至勉强，这些痛苦的恋爱方式，也许早已出现，若纠缠下去，恐怕也只能是两败俱伤。

关于这点，张小娴有一种理性和超然的态度。她说："两个人在一起是为了快乐，分手是为了减轻痛苦，你无法再令我快乐，我也唯有离开，我离开的时候，也很痛苦，只是，你肯定比我痛苦，因为我首先说再见，首先追求快乐的是我。"（张小娴《我微笑，是为了你微笑》）她追寻爱情，然后发现，爱，从来就是一件千回百转的事情。

结束一段痛苦的感情，谁先说再见，谁的灵魂就会先得到救赎。这其中的道理苏格拉底剖析得最为彻底，**他说如果你能给他带来幸福，他是不会从你的生活中离开的，要知道，没有人会逃避幸福。是的，分手是为了减轻我们的痛苦而已。**

当爱情来临，自然是快乐无比的。但是，这种快乐也有风险，也要学习去接受分手的失望、伤痛和离别。分手了，自然会悲伤，曾有多爱，分手时候就有多痛。这也是爱情带给我们的特别味道。很多人错过爱，不是因为爱不在了，而是不知道该如何面对自己。习惯了他对你的体贴，习惯了他的体温，习惯了他的温柔，如果突然失去，那种难受会如同戒毒一样，让你宁愿饮鸩也要止渴。但依赖的感情很难长久，失去自我的爱，只是绝路。

分手后，内心的痛苦最容易使我们堕落，做以往最不屑的事情，抽烟、酗酒、泡吧等等。这些不是因为我们原本是这般模样，只是因为一时失掉爱的力量，没法平衡自己，所以需要通过其他能量的注入来稳定身心，这些发泄方式无疑不是寻求平衡的一面，以此来解除分手在我们内心造成的痛苦。

张小娴以为，分手就是一种痛苦的解除。因为两个不相爱的人在一起，没有比一个床上两颗心更痛苦的事情？你坦然地接受了分手，就等于你在坦然地向幸福靠近。**没有人拒绝幸福，既然在一起**

不快乐了，分手也是给对方的另一种自由。

分手后，恋爱双方都有责任保持情绪稳定，不要把负面情绪当作常规的方式。过度的痛苦，只会让恋爱的结束毁伤了自己。失恋者要做的，不是从曾经欢乐的记忆中寻找修补心伤的力量，而是要学会重新建立自己对快乐的体验，与身心言和，更加爱自己。一位小伙子谈及自己的失恋时说："恋爱是男女双方的事，一厢情愿是不行的。对方对你已经关闭了爱情的心扉，中断了恋爱关系，你又何必自作多情、寻死觅活呢！不妨宽容一点儿，洒脱地和她分手。一次爱的幻灭会使人更新自我，感情更深沉，气质更成熟。只要有充分的自信，爱神会再度来临的。**可以失去爱，但不可以失去爱的能力。**"

任何假装的原谅，
都无法长久

赦免别人，本来是上帝的权柄，但是，宽恕那个伤害过你的旧情人，你才能够摆脱心里的魔鬼。当我们宽恕别人的时候，我们反而能得真正的快乐。

——节选自张小娴《我想宽恕他》

张小娴说："爱里面包含了很多的悲哀和伤痕，还包含了埋怨、妒忌和轻视。"（张小娴《永不永不说再见》）

谁说爱情是完美的？爱情其实就像一个人，它有很多的优点，也有很多的缺点。它有年轻的时候，它也会老去。当你喜欢一个人时，其实你包容了许多事情。当你爱一个人，你也怀抱着许多原谅。但事实上，其实你包容的并不是那个人，而是爱情这件事。因为当你和他分手了，你发现，你不再包容这个人了。张小娴说：当你爱一个人的时候，你可以用爱包容他的一切。然而，当你不再爱一个人的时候，你会把他所有的缺点和坏习惯放大、放大、再放大，大到罪无可恕的地步。

我们一直在做的，是包容爱情本身。可是往往却以为，是在包容

这个人。

张小娴说：“有时候，我们愿意原谅一个人，并不是我们真的愿意原谅他，而是我们不想失去他。不想失去他，唯有假装原谅他。所谓原谅，也是很现实的。没得选择，只好原谅他。然而，这种假装的原谅，往往无法长久。”

爱情有一天会消逝。当爱情老去，现实被琐碎的生活代替之后，你会发现，你对他的耐性真是逐渐地丧失。你正变得越来越暴躁，越来越歇斯底里。因为从开始到现在，其实你并没有学会真正的包容。爱情一开始总是甜蜜的，一个人开始时总是美好的。当美丽的表象逐渐淡去，生活的本真开始暴露的时候，真正考验宽容的时候也就来了。

有时候你会看不清楚，以为是没有找对人。可是，当你和这个人分开，和另一个人开始之后，你会发现，同样的剧情上演了。甚至他和你吵架的台词，都和上一任一模一样。

也许你还会换人，但是**你终会发现，没有完美的爱情。两个人在一起，彼此伤害是避免不了的。只是程度的轻重而已。**

不同的是，一开始，或许你会接受不了爱情里的伤痕，因而会有激烈的反应。而后来，你似乎已经接受了爱与伤害同在这个现实，变得心里强大了许多。你开始学会了承受，学会了包容，学会了换位思考，学会了不把问题放大，学会了很多很多……

男人和女人的世界总是不一样的。一开始，觉得是那么地合拍，只不过，是他在迁就你罢了。当你们成为真正的生活伴侣，当各自想要过回自己的生活的时候，你才发现你们的世界是那么地不同，思维是那么迥异。

不必纠结，无须烦恼，更不必恨。那不代表他的爱已不再。只是代表他不再假装。因为生活的真相本是如此。你所要做的，便是从现在开始，学习宽容。

真正的爱情是不需要牺牲任何一个人的幸福的。当你学会了不对爱情要求得太多，也许你变学会了如何宽容身边的那个人。

男人总是神经大条的。他会在你痛经痛得不能入睡时，他还在专心地打游戏，忘了泡一杯红糖水给你；他不会像你那样，在提前下班回到家时，做好晚饭等你；甚至不知道你病了，还要你为他临时兴起来打牌的朋友们准备宵夜。你很委屈，悄悄地在被窝哭泣。而他却感觉莫名其妙。

我们每天都要去学习怎样忘掉这一切。因为**对别人的行为不满意，痛苦的不是别人，而是自己。**

你要知道，他是爱你的。只是，他没有那么懂你而已。女人总是细腻，而且敏感。我们总是习惯把问题上升到，爱，或者不爱的问题上去。或者，你对爱并没有怀疑。却因为时间长了，他犯下的错，和积累的毛病，让你开始对他产生了憎恶。而这样，只会断送你们的感情。只有等分开了，你才会记起，原来这个人，也有许多的好。

所以，多想想他的好吧。张小娴说，犯错是平凡的，宽恕则是一种超凡。宽恕的本身，除了减轻对方的痛苦之外，事实上，也是在升华自己。**当我们宽恕别人的时候，我们反而能得真正的快乐。**宽恕、遗忘，然后豁达，只有这样才能解救自己。

Part 6

最深最重的爱，必须和时日一起成长

张小娴说，一个城市里，
对爱情的悲伤看得最多的，
是出租车司机。
无论是大早上上班的时刻，
还是加班回家的深夜，
总有孤独的女子，
挥手叫一辆的士，
立刻钻进车厢，
一动不动的望着窗外，
连目的地都忘了说。

好好珍惜，
即是最好的经营

和所爱的人一起终老、一同凋零，就是天荒地老。爱情无法经营，我们只能经营自己。爱来的时候，好好珍惜，就是最好的“经营”。

——节选自张小娴《爱情终究是经营不来的》

黄小琥有一首歌《顺其自然》，唱到：一段感情出现裂痕，两个人都要负责任……

爱情确实是两个人的事。我们或许是因为跟TA很投缘，或许是仰慕TA身上有我们没有的东西。每一对情侣走到一起，可能可以说出各自不同的原因。没有人能说得清楚，感觉和爱情这回事，这种化学反应是如何发生的。最终，只能把这种奇妙的相遇归结于一种玄乎的力量，缘分。既然参透不了，大可以用这个美好的词去解释它。

爱情若是一场缘分。那么缘深缘浅似乎也冥冥之中自有注定。据说原来人有现在的两倍大，但宙斯害怕这样会让人类变得过于有力量和强壮，于是把人劈成两半。于是我们就总在追寻另外的那一半。一生中，我们可能会爱许多人，也被许多人爱。但是，你并不清楚谁才是你的那一半，只有一个个试过去。

一段关系是成功还是失败，要看我们是否完成了两个重要的心理命题。你是否更明白了自己的需求；你是否已学会关爱他人。爱情终究是一种缘分，经营不来。我们唯一可以经营的，只有自己。

爱情里没有对错，也没有值得不值得，只有愿不愿意。走到分手这一步，当然是因为这段关系已经令你感到痛苦。但这，并不能说是他的错。

很多痛苦是自己造成的。或者，是你们的不合适造成的。而不一定单单是对方造成的。你的痛苦令人同情，但如果不能认识这痛苦大多数来源于自己，而一味怪罪他人。那么下一段恋情，你仍旧是最痛苦的那个。

张小娴说，有人喜欢在公开场合出风头，但却没有取得什么好的效果，于是很不开心。有人喜欢与人比较，可是偏偏比不上别人，于是也很不开心。其实这些痛苦难道是别人给他的吗?（张小娴《不如送我一场春雨》）

如果不那么虚荣，不那么爱计较，心胸不那么狭窄，是不是就会少掉很多烦恼?

林肯有一句名言：人到了四十岁，就该为自己的容貌负责。这意思是说，相由心生。人的幸福与否是自己决定的，而非他人。

爱情里如是。爱一个不爱自己的人，爱一个不值得爱的人，都是自己的选择，即使有痛苦，怎能怪别人？感情上的痛苦，都是我们自己给自己的。或许他也令你不那么舒服，但假如你愿意，你仍然可以让自己开心起来。爱情是两个人的事，但却只能从自身入手。

张小娴说，**在爱情里，唯一可以做的，是好好经营自己。**懂得珍惜和拥抱眼前人，懂得欣赏他对你的好，不要吝啬以微笑来回报他对你的每一个微笑，当拥有的时候，不要让爱荒芜，就是最深情的“经营”。其他的顺其自然，放任自由。爱情里不需要有太多心机，小心翼翼地费尽心力，到头来也许还是敌不过缘分。

约束一个人太累，不如给他一些自由，给爱情一些空间。从情窦初开的豆蔻年华，到三十而立的人生路口，我们会经历很多很多人。也许试过很多次，却发现都不是你要找的另一半。有时会埋怨自己，或许是我不懂经营爱情？但另一半永远只有一个，他就在那里，迟早会来找你。你只须把自己经营好，然后学会独立和等待。

当有一天，有一个人让你觉得相爱是一件那么自然的事，不需要苦苦思量花费多少心机去“经营”，无论经过多少风波，他都还是喜欢留在你身边。那么，你就找到他了。

我们不停地翻弄着回忆，却再也找不回那时的自己

有一天，当你长大，你会明白，爱情不是人生的全部，为一个不爱你的男人而死，毫不灿烂。世上或许有一段不可代替的感情，却没有一个人是不可以代替的。再爱，也要活出自己的人生。

——节选自张小娴《为情自杀》

梅艳芳和张国荣演的《胭脂扣》，很多人都看过。

一个风流的富家公子，和一个绝世的名妓，他们的爱情是不能为世俗接纳的。但是他们很相爱。为了在一起，他们约好了一起吞鸦片殉情，到另一个世界去做夫妻。梅艳芳演的如花先死了，但张国荣演的十三少在看到情人死去之后，生出了恐慌。他趁着自己还没吞下足够的鸦片，懦弱地逃生了。

如花在另一个世界等了许多年，都未等到十三少。她来到世间，想弄个明白。终于，在一个破旧的贫民区，一个脏兮兮的角落，她找到了他。曾经风流绝代的十三少，已经变成了一个乞丐似的落魄老头儿。几十年了，他还是一眼认出了如花。她还是那样风情万种。

如花终于明白，他没有死。他背叛了。她什么都没有言语，就那样，悄无声息地转身离开了。

不知了解了真相的残酷后，如花的灵魂是做何感想？想到她为了这样一个男人，结束了自己如花般美丽的生命，她会不会自嘲？

张小娴说：“有一天，你会明白，爱情不是人生的全部，为一个不爱你的男人而死，毫不灿烂。**世上或许有一段不可代替的感情，却没有一个人是不可以代替的。**”（张小娴《不如你送我一场春雨》）

要多少伤痛，才能让一个女人清醒？爱情可以让一个强悍的女强人忽然变成小鸟依人的小女人，也能让一个习惯依赖的女人从此独立。一个经营不好自己的女人，无法经营一段美好的感情；一个不能让自己过得满足、幸福的女人，爱情并不能改变她的人生。

别相信男人一开始对你无微不至的照顾，时间久了，他就厌烦了。他甚至忽然觉得，自己其实喜欢独立、强悍的女人。他开始欣赏那一类女人，迫不及待地甩开你。**当你在爱情里失去自我那一刻，就是他离开你的开始。**

所以，一个拥有自己的事业、朋友和生活的女人，不会因为一个男人就轻生。因为她的生命是那么地丰富多彩，男人只是她的一部分，甚至是一小部分。有什么理由为了一棵小树放弃整片森林？而往往这样的女人，却能长期的拴住一个男人的心。男人总是贱的，他们喜欢追逐，希望能占有女人的全部。而**聪明的女人，永远不会让男人拥有自己的全部。**

即使缘分到头，和心爱的男人分道扬镳。她仍然会抖擞精神，重新振作。因为她知道，生命中还有很多美好的事物在迎接着她。如张小娴所说："一无所有的人，才会觉得活着没意思。寻死，不过是惩罚对方的一种手段，毫不轰烈，那并不是为情自杀，而是为惩罚别人而自杀。"

一个在男女关系里比较成熟的男人，总是倾向于欣赏那些优雅又不失独立的女人；一个聪明的女人，总是把事业和朋友看得和男人一样重要，这一类的女人，不会为男人痛不欲生；甚至，总是她抛弃别人，而不是被男人抛弃。

张小娴有一个《已成过去》里写到一个新闻：

日本女星叶月里绪菜与男星真田广之婚外情曝光，男方备受压力，宣布回到元配身边。

大家以为叶月里绪菜会意志消沉。但不足一年，她已经跟棒球巨星铃木一郎相恋。当记者问她："真田广之呢？"她回答："已成过去。"

女人是感情的动物。我们都曾有过为一个人痛哭的经历。但丢了的自己，只有慢慢去把她捡回来。**有一天你会明白，没有谁是不能失去的，除了一个人，就是你自己。**

有时候我们以为自己不能离开那个人，后来却发现要离开他并没有想象中那么困难，当你拥有了自己，当你找回了迷失的自己，要忘记那个人也几乎不需要花什么工夫。

再爱，也要有自己的人生。**不要让爱情，成为你的全部；不要让自己，有一天变得一无所有。**当你承受不住那痛苦，你便跌入人生的谷底。而男人，也承受不了，自己是你的全部。

要相信，时间线上
总有一个人在等你

爱情最公平。无论你有多聪明，你也有机会被人抛弃。再聪明的人，在恋爱的时候，也会变成一个笨蛋。

——张小娴《你是聪明的吗》

张小娴说，爱情一开始时可能会是大近视，但是，日久天长，美好的爱情应该是清明了你的眼睛。

爱情是没有理论的，积累再多的理论知识，到了现实面前，立刻就土崩瓦解。所有的爱情，刚开始时总是电光火石，激情四射的。

有一个很有才情的女孩，她的文章很优美，画也很好，歌声听起来也非常美妙。当然这样的一个女子，长得也无可挑剔。但生命似乎总是有残缺的，上天不会特别眷顾某一个人。这样一个美丽的女孩竟是一个下身瘫痪的残疾人！她知道，她的人生中是不可能有正常人那样的幸福的。所以，虽然慕名追求她的人很多，但她却从未动过心。

可是爱情总会来的。在参加一次残疾人联谊会上，她认识了一位年轻的摄影师。一个很帅的摄影师！他为她照了很多照片，把她照得比真人更美了。联谊会后他给她送照片去，看到照片里美丽的人儿了，连她自己都陶醉了。后来，摄影师来电话了，请她做他的外景模特。就这样他们开始了一年的合作，摄影师拍出来的照片简直堪称完美。

日久生情。彼此的优秀完全把对方给吸引住了。一年后他们恋爱了，摄影师求婚时说道："你不要在乎你生命的残缺！我会永远照顾你的！相信我！"当时她哭着答应了。婚后的日子里，起初男人非常地疼爱她，这种幸福甚至让她感觉像在做梦。可惜伴随着孩子的降生，男人渐渐感觉到她的残缺，给他的生活带来了多大的压力。日子开始变得越来越不堪，她责问他，既然是这样那为什么当初会向她求婚。男人的回答很简单——因为我们都不够理智。女人一年之后自杀了。

不是残疾人就特别脆弱，爱情带来的伤害足以摧毁任何一个身心健康的正常人。也许大多数人并不会极端地选择轻生，但每一次的感情失败，何尝又不是伤筋动骨。痛的次数多了，留下了阴影，也许此生就与真正的幸福擦肩而过。

张小娴说得很好，**重要的不是遇到几个人，而是遇到什么人。**数目没意思，素质才有意义。**重要的不是谈了多少恋爱，而是从每一个与我们相爱的人那里，我们是否得到了对于爱情和幸福的领悟。**

爱情的开始似乎和理智无关，往往是一个美丽的眼神，一场不期的相遇，一个浪漫的场景，两个人就开始靠近。但爱情是否可以持久，却不是感觉可以决定的。一份成熟的爱情，必然是不会只看感觉的，还要看我们对彼此是否有足够的了解，是否可以从心里面真正地容纳对方，接受对方。是否可以承受由对方所带来的，现实生活的改变。

爱情是需要感觉，但是更需要理智。

也许我们会觉得，爱情是跟着感觉走的，只有这样的爱情才足够纯粹，能被称之为爱情。如果爱情里有了那么多理性的分析，需要反复的权衡之后才能够开始，那还算是爱情吗？看待爱情，每个人都有不同的选择。有些女子，一生都在追随着自己的感觉，从一段“纯粹”的爱情走到另一段“纯粹”的爱情，这样的女子是一个勇者。但当一个人从一段“纯粹”的爱情渐渐走向经得起平淡的流年时，这样的女子是爱情的智者。

一份美好的爱情不是让你飞蛾扑火般地自我燃烧和牺牲，而是让两个人了解彼此，理解彼此，互相扶持，共生共荣。所以，分手不一定是件坏事，只是证明这一份爱情并不足够美好。**要相信，时间线上，是有一个人在等你，时间到了，就会相遇。**

爱情，总是
想象比现实更美丽

爱情总是想象比现实美丽，相逢如是，告别亦如是。想象是最完美的；而现实，却无一完美。

——节选自张小娴《想象是最完美的》

情窦初开的豆蔻年华，在心里甜蜜又羞涩地悄悄勾勒他的面庞，那该是一个如何英俊迷人的男孩，又或是一个神秘深沉的男子？他的眼神是那么地深情，似乎永远都读不完其中的内容；他的气息是那么令人沉醉，似乎能够叫人忘记一切。

人如果一生都能生活在想象里，该多好。

现实总是叫人叹息。也许穷尽了一生的热情，去爱一个存在于想象中的人，最终，却是与一个平平淡淡的人粗茶淡饭一辈子。

就如程韵是那么地爱林方文，却最终选择了杜卫平。

每个女孩的心中都有一个林方文。也许在曾经青春萌动的时候，他就存在于脑海中了。有一天他出现了，带着勾画的形象，迫不及待地，所有美好的想象都有了着落。就这样疯狂地迷恋上了，毫无理智地认定了，他就是那个人。我们相信，一见钟情、一见如故，认为这是冥冥中的定数，是上天注定，可是都不愿意承认，我们爱上的，只是想象中的一个幻象而已。不甘心，寻找了这么多年，竟然不是那个人。所以，在兜兜转转之后，程韵还是一而再地去拥抱林方文。不忍心就这么抛弃，“他”是那么地美好。

可现实却是这么残酷。

如果不是得知林方文的死讯，也许程韵还不能从她的想象中清醒过来。

在和杜卫平一起生活的两年里，程韵感受到了一种踏实的扶持，渐渐从友谊中升华出一种平淡幸福的爱情。

张小娴说，不要问我程韵是爱林方文还是杜卫平，这是两个不同的故事，说白了，是两个生活阶段两个思想下的故事，林方文已经成为了过去，杜卫平才是属于现在实实在在的生活。

爱情应该经得起平淡的流年。很多爱情，在时间的消磨下，在一次的争吵中，不知不觉地荡然无存。多少曾经温柔抚过的面颊，如今不愿再多看一眼；曾经听着他的声音才能睡着，如今听到会微微皱眉。最终，曾经耳鬓厮磨、拥抱着入眠的爱人，形同陌路。甚至，来不及说一声分手；甚至，来不及为曾经的伤害说一句抱歉。

我们以为很相爱，却没想到，放手却是如此轻松的一件事。我们以为没有那个人，日子会过不下去，可没想到，没了那个人，还是一样过得很好。**时间会让爱越来越深，时间也会推翻爱。它让你知道，原来我们以为的相爱是那么地肤浅。原来我们爱上的，不过是基于一些美好表象上的一些浪漫的想象。**

慢慢地，有一个合适的人，他会让你明白，最深最重的爱，必须和时日一起成长。我们明白了，林方文这样的男子，放在想象中继续让他美好着，才是对他最好的纪念。如初恋，将那些往事永远留在记忆里，才是美好。再铭心刻骨的爱情重来一次都不见得是件好事。因为我们已经懂得了、坦然了，已经学会了从平淡的生活中去咀嚼这一份时间造就的绵长的幸福。

张小娴《我在家里等你回来》里写，她有一个男性朋友，年轻时候曾有几段纠缠不清的恋情，还同时交往过好几个朋友，结过婚，也离过婚，算得上是一个风流浪子。但后来，似乎是收心了，再度结婚，并且生儿育女。张小娴问他对现今这段婚姻的感觉，他说：“每次工作完毕，都很想回家，知道家里有人等我。”

这样的男人，曾经一定有不止一个女人夜里打电话给他：“什么时候回来？”他或许不耐烦、或许很冷漠地回答说：“你不用等我。”

爱情是一件很残酷的事。也许有的人的出现就是为了告诉你，爱情总是想象比现实更美丽。这一段爱情对于我们这些痴男怨女来说，都是一堂课，我们都学会了去品味平淡的细水流长，去品味现实生活中的那一份默契与懂得，去把握那一份不怎么浪漫、但却踏实的幸福。

如果愿意，我们可以继续想象。当我们看着熟睡的孩子和丈夫的时候，在昏黄的灯光下，可以悄悄地去缅怀曾经心中的白马王子，去怀念那个为爱不惜一切的女孩。可以在心中默默的想象我们已经不能再拥有的，那么美丽的爱情。

每一段爱情
都无可避免会有伤痕

每一段爱情都无可避免会有伤痕。展示伤痕，是痛苦的。忘记伤痕，才可以重生。如果你以为爱情容不下一点儿瑕疵，那么，你大概一辈子也找不到爱情。

——节选自张小娴《爱里有许多伤痕》

当我们选择了爱情，同时也选择了伤害。

张小娴说：说一个男人伤害了一个女人，那一定不是说一件事，而是很多事情加在一起的。比如寒夜里她想见见他，他却说不来了。她想他对她说几句鼓励的说话，他却没有说。这都是伤害。（张小娴《他有没有伤害你》）

莫文蔚用她那似乎被烟熏坏的沙哑嗓音唱道：爱 / 是折磨人的东西 / 却又舍不得这样放弃 / 不停揣测你的心里 / 可有我姓名……

有时候爱一个人，会爱到一个危险的程度，爱到不能一个人正常的生活。爱到不是折磨他，就是折磨自己。

爱情不是我以为的那样，牵着手就这样幸福地走一辈子。它原本就经受着伤害。**有时候我们很难分辨，遇到一个爱的人是幸，还是不幸。**原本好好地过着安静的生活，却因为他的出现掀起了狂风巨浪。和他在一起的时光永远也过不完，他微微的触碰就让你全身战栗，自从他出现，一切都不一样了。紧张、靠近、试探，幸福的憧憬和期待；两情相悦时的巨大喜悦，互许承诺时的深情和感动，是那么地美妙。可是伤痛又是那么地刻骨铭心。

张小娴说，一个城市里，对爱情的悲伤看得最多的，是出租车司机。“无论是大早上上班的时刻，还是加班回家的深夜，总有孤独的女子，挥手叫一辆的士，立刻钻进车厢，一动不动地望着窗外，连目的地都忘了说。”

这样的女孩子，司机师傅看多了，都能明白，也许刚刚跟男朋友吵架。事实上，每一次和男朋友吵完架，都能感觉到与单身时不一样的孤独。这种不被理解、不被体谅、不被包容的孤独，比起一个人的孤单，似乎，更要伤人些。

往往这个时候，也反复地在心里问自己：到底爱是为了幸福，还是为了伤害？有时候甚至忘了相爱的初衷。

明明知道，一切只是因为太爱，紧张他，在乎他，到失去冷静和理智。动辄会把一件鸡毛蒜皮的小事上升到爱不爱的问题上，看到他和另外的人稍微亲密一点儿就承受不了失去他的恐惧。为了把他留在身边，让他一直这么爱着自己，我们做了很多连自己都觉得无理、可笑、无法忍受的事。放下了骄傲，放下了尊严，放下了优雅，变得不可理喻。我们想，自己是疯了吧。多少个深夜，悄悄地问自己，这又是何苦？伤害了他，也伤了自己。

因为太爱，有时互相伤害。追逐欲望，是痛苦的，物欲、爱欲和占有欲，都是煎熬。可是，正是因为有爱人、被爱的欲望，我们才相爱的，不是吗？如果没有欲望，又何谈爱情？

张小娴说：在爱情的路上，我们不也经常让自己变成一只鸵鸟？没有勇气去面对时，唯有逃避，以为这样便会雨过天晴。然而，鸵鸟是不能飞，才将头埋在泥沙里；人却是有欲望、有权利去追求幸福的，谁会甘心一生成为情场的逃兵？！

爱上了你，我才领略思念的滋味、分离的愁苦和妒忌的煎熬，还有那无休止的占有欲。为什么你的一举一动都让我心潮起伏？为什么我总害怕时光飞逝而无法与你终生厮守？我以为我这么爱你，你会很幸福。谁知竟然让你吃了这么多的苦，受了这么多的伤，让自己流了这么多的眼泪，让我们的爱累得再也走不动。越是相爱的两个人越是容易让彼此疼，最后只能疲惫得各自顾好自己了。

张小娴说：**最厉害的病毒，是爱和谎言。爱情从希望开始，也由绝望结束。**

儿时，幸福是一件实物。长大之后，幸福是一种状态。然后有一天，我们才发现，幸福既不是实物，也不是状态。幸福是一种领悟。我们曾经以为的幸福，原来可能只是互相伤害而已。也许只有等翻过千山万岭之后，待热情在一次次伤害中稀释耗尽之后，才能去拥有一份，不再那么热得烫人的，像一杯温开水一样，平淡却温暖的爱情。

爱情本来就是虚妄的，它曾经有多热烈，也就有多寂寞

当爱情来临，当然也是快乐的。但是，这种快乐是要付出的，也要学习接受失望、伤痛和离别。凡事皆有代价。快乐的代价便是痛苦。

——节选自张小娴《雪地里的蜗牛》

三三两两的朋友去唱KTV，总有人会淡淡地点一首《爱的代价》，然后轮到她时，淡淡地唱：还记得年少时的梦吗 / 像朵永远不凋零的花 / 陪我经过那风吹雨打 / 看世事无常 / 看沧桑变化 / 那些为爱所付出的代价 / 是永远都难忘的啊 / 所有真心的痴心的话 / 永在我心中 / 虽然已没有他……

爱情从来就不是完美的，从来就不是只有甜蜜。当爱情让我们和另一个人开始了长期的相处，人生就不再纯粹。不再可以靠着幻想就可以把每一天都过得那么快乐。在现实里，我们品味了：**爱情，原来是杯甜蜜的毒酒。**

真正的勇士，应当是那些可以白头到老的人吧。爱情里的懦夫，

都借着分手落荒而逃。

不要说，TA 真的让我无法忍受……不要说，我已经尽了最大的努力。一切，不过是借口罢了。或许是我们的肩膀还太过稚嫩，承受不起爱的代价罢了。还太年轻，伤不起，却又收不住。

爱上一个人的时候，总是被身边的朋友兴奋地追问：是什么感觉？我们会一脸娇羞地回答：就是脸红心跳的感觉。是啊……可是爱过以后呢？如果还有人问你是什么感觉，该如何回答呢。

爱是疼痛的感觉。

有一部电影的女主人公，几十年来一直用疼痛去理解爱情的面貌。

20 世界 70 年代末，在那个男女绝不能私下交往的年代，钱叶红还是一个十几岁的学生领袖，她收到了一封男生的情信。钱叶红公开信件，让男生受尽奚落。男生拿起砖头在她背上重重拍下，给钱叶红留下了终身的疼痛，然而，男孩却在之后不久意外溺水而死。每当想起那个男孩，她就感觉到背上疼痛难忍。

毕业前，钱叶红在医院实习的时候，被一个已有妻儿的男人的魅力所吸引，不慎怀上孩子。为了不影响男人的前途，她让男人亲手打掉腹中孩子，但是，事情还是败露了，她被退回原籍。

对爱情心灰意冷的钱叶红后来只想找一个现实的结婚对象，然而太过现实，却让她陷入了新的疼痛。突然要和一个自己其实并不熟悉人生活一起，钱叶红感到陌生而恐惧，很快就到了忍耐极限。她想以坦白过去的方式提出分手，但他的神情告诉她，其实他早已知情。两人陷入了想分分不了，想和和不拢的窘境。

钱叶红恐惧地发现，如果离开这个人，她会很快忘了生活本来的样子。这种恐惧让他们无法分离，但太过麻木的生活又不能让他们走近彼此。最后，那个男人用钳子拔下自己那颗被她夸赞过的虎牙，送给她，说：只有疼才能让我记住你。

不知我们是该是感动于爱情的纯真，还是该对爱情无奈感到怜悯？

几十年以来，钱叶红从懂得爱、遇上爱、到最后对爱的惘然和麻木，她一直用疼痛去理解爱情的面貌。爱情，本就是疼痛的。

分手，只是因为忍受不了这疼痛。而留下来坚守的，他们是爱情的勇士。为了爱，忍住了疼。

张小娴说，爱情本来就是虚妄的，它曾经有多热烈，也就有多寂寞。

如果失去是苦，你怕不怕付出；如果迷乱是苦，你会不会选择结束；如果追求是苦，你会不会执迷不悟；如果分离是苦，你能否承受这痛楚？爱情不只是甜蜜的相守。有相聚有分别。有欢乐就有痛苦。有信任也有犹疑。有无间时更有远距离。

有时候，爱情确实脆弱的不堪一击。那也许是因为，一开始我们并没有看清爱情的原貌。因为我们太需要爱，所以一厢情愿地拔高了对爱情的期待。当经历了爱情里的苦，又心灰意冷。也许，爱情就是个神话。坚守的人是因为他们选择了相信，选择做爱的信徒。所以，喜也好，悲也好，只当作是其中必有的滋味而默默承受。如上帝一般，他给我们的苦痛，我们会认为那是他的慈悲。

生命短暂。我们既然选择了对方，那么，就让我们一起去享受那快乐，也一起去品尝那痛苦。那些伤痛，不过是为了让我们更珍惜欢笑的时光。

原来，懂比爱更重要

原来不是两个人相爱就可以解决一切问题。无法打开沟通的天空，也就只好放弃厮守一生的愿望。

——节选自张小娴《悬浮在空中的吻》

西班牙导演阿莫多瓦的电影《对她说》有句对白："和她谈谈吧，即使她无法回答。"影片中的"她"是一个植物人，自然是无法回答了。而现实中的人呢？有些人想说却不说，有些人越说越错，有些人说了却会错了意。有些人即使说出了自己的想法，对方亦不明了，只能装傻，当一切只是玩笑。

张小娴说，有时候编辑会转来一叠读者的电子邮件，其中有几份的字体是怪模怪样的，不是中文，也不是英文，说它们是文字，倒不如说是符号更贴切。张小娴曾经拿着那几份满是符号的电子邮件研究，尝试读懂他们想说些什么，可惜徒劳无功。编辑说，那是因为大家用的系统不同，所以看不懂。

爱情里面也是这样。往往吵了半天，最后发现鸡同鸭讲。频道不同，他说他的，你说你的。他觉得你不可理喻，你觉得和他无法沟通。因为，两个人根本就不在一个频道上。

就比如，他看的是体育频道，而你看的娱乐频道。你俩又如何可以说到一块儿去呢？

两个人结合，是因为爱。但两个如何厮守下去，却是要靠沟通。但可惜，我们都有沟通的愿望，但却没有相同的频道。

如张小娴所说："无法打开沟通的天空，只留下今天一串无法沟通的符号。时日过去，当然也不再有感情，最后，只好分开，放弃厮守一生的愿望。"（张小娴《无法沟通的天空》）

爱情里有许多矛盾，也有许多伤痕。度过爱情的热恋甜蜜期，双方各自的思维方式和行为习惯，就逐渐暴露出来，冲突和摩擦也就从此开始了。男人和女人，如同一座桥，男人站在这头，女人站在那头，如果没有沟通和交流，中间就有逾越不了的鸿沟。

但只有信任一个人，才可以沟通得来。而信任，是因为彼此理解。理解，是因为懂得。沟通让我们放下偏见，解开误会，冰释前嫌，沟通让爱情从"电光火石"到"天长地久"，可没有懂得，一切都难以为继。每一次试图尝试的沟通，只能再增添一份令人绝望的孤单。

情感心理作家苏芩说过这样一段话："懂你的人，会用你所需要的方式去爱你。不懂你的人，会用他所需要的方式去爱你。于是，懂你的人，常是事半功倍，他爱得自如，你受得幸福。不懂你的人，常是事倍功半，他爱得吃力，你受得辛苦。**两个人的世界里，懂比爱，更难做到。”**

原来，爱并不可以战胜一切。曾经那么爱的一个人，忽然你觉得他好陌生。无数个深夜，我们为“他为什么就是不懂”而辗转难眠。终于，无数次的失望之后，我们放弃了无谓的尝试。无力地任由彼此“渐行渐远”，任由岁月疏远了我们的感情。无力再去经营，也无力扭转这个结局，最终只能“用沉默取代了依赖”。

其实疏远我们的并不是平淡的生活，也不是似水的流年，而只是因为，没有懂得。

因为懂得，一个眼神，一声轻唤，你已明白我内心所需；因为懂得，不必解释，不必躲避，我知晓你心中苦衷；因为懂得，不必言语，不必刻意，淡淡一个微笑我们心照不宣。时光像沙漏。一些人来了又走，稍作停留，最终渐离视线；而一些人来了之后，却从未离开。虽身在天涯，却心在咫尺。

芸芸众生，茫茫人海。能与我们吸引，能够与我们相爱之人，或许一生中总会碰上那么几个。可只有懂得，爱才能得以维系得长久。**懂得，是一种欣赏，一种默契，一种历久弥坚的幸福。**

所有的深情，
都是用细碎的时光串成的

一段爱情，两个人成长，无论是否能够跟你终老，那么投入地爱过彼此，流过那么多的眼泪，我们都长大了。

——节选自张小娴《一段爱情，两个人成长》

宫崎骏著名的动画电影《悬崖边的金鱼》中，女主人公苏菲是一个从来没漂亮过的小女孩，当她遇到了能满足女孩们心中一切幻想的白马王子般的霍尔时，觉得自己配不上霍尔产生出强烈的自卑感。可偏偏，她被女巫施法变成90岁老太太。当她奔跑在大雨中，伤心地哭泣时，她终于释然了。一切都不是她能控制的，所以生活要照旧地过。自卑的苏菲反而开始具备了勇气。当苏菲以90岁老太太的身份面对自己倾心的霍尔时，她看到了他与华丽的外表完全不同的一面。他其实很胆小，他一直在逃避战争征召，他不想去打仗。

当苏菲做了一个可怕的噩梦之后，她明白要自信，要勇敢对霍尔，只有那样才能保护他。最终，苏菲用自己的勇敢解救了霍尔。而怯弱的霍尔最终也参加了战争，但并不是为了某一方，只是突然找到了他要保护的东西——他和苏菲的家。

影片有一个幸福美满的结局。霍尔最终失去魔法，获得自己的心脏和拾得自信，而剪了短发的苏菲则和他过上了幸福快乐的生活。霍尔和苏菲的爱情，让人看到了两个人在爱情里的共同成长——各自褪去青涩和稚嫩，获得心智上的成熟。

两个人在一起，只是一个人在努力成长是远远不够的。唯有同时付出，一起成长，两个不完美的人逐渐变得完美。

故事毕竟是故事。

现实中的爱情，却并没有一个童话般的结局。大多以眼泪收场。往往最后，各自都领悟了很多，但却再也没有在一起的可能。多么悲哀。

张小娴在《一段爱情，两个人成长》中写了一个不让妻子看扁而赌气结婚的男人，他说。他跟太太之间已经没有当初那份爱情了。当张小娴问他：“还剩下什么？”他说：“已经没有纯粹的爱。一双男女，只有最初那半年的爱是无条件的，以后必然是愈来愈复杂。”

爱情是有保质期的。每个人的保质期不同，但纯粹的爱，能够存在的期限是很短的。爱情里最好的结局，无非是长相厮守。但在漫长的相处中，爱情早已发生了质变，或许变成了亲情更多，或许回归友情更多，它可能会转变，也可以会延伸出更多丰富的内容来。

有些夫妻，在一起时，吵得不可开交，而一分开，又心痛到不行。如果要忍受分离的痛苦，他们还是宁愿忍受吵架的痛苦。所以两个人就这么吵吵闹闹地过了一辈子。但随着时日的增长，吵的次数会越来越少。因为人始终都是会成长的。

成长是什么？成长就是变好，成为一个更好的人，不断地进步。据说要判断一个女人是否成功，就看他的男人，是否和她在一起后，变得越来越好。而要看一个男人是否成功，要看在他身边的女人是否安心。

事实上，成长也是一件相互的事。如果你所爱的人使你变得狭隘，那么，他显然不是能够和你一起成长的人。

张小娴：**是我爱和爱我的那个人使我强大，也使我知道我虽弱小却可以无所畏惧。**

人不是因为遇到一个人而改变自己，而是因为，爱需要我们变得更好，更成熟，更包容。就像苏菲一样，为了保护心爱的人，必须要让自己坚强勇敢。当你想要拥有更多爱的力量，你内心的能量就会被召唤出来。

爱情是两个人的成长。所有的深情，原来是由许多细碎的时光一一串成的，就像一串亮着迷蒙微光的小灯泡，照亮着我们彼此相依相伴的身影。

最深最重的爱，
必须和时日一起成长

曾几何时，在一段短暂的时光里，我们以为自己深深地爱着一个人。来日岁月，会让你知道，它不过很浅、很浅。最深最重的爱，必须和时日一起成长。

——节选自张小娴《轻轻的暗恋》

写小说的人总是害怕重复，为了不重复自己的作品，创作的时间一次比一次长，终于有一天，什么也写不出来了。为什么害怕重复呢？世界上最伟大的事业都是在每天的重复中建立起来的；世上最幸福的生活也不过是每天重复地做相同的事情。

张小娴说，“**幸福就是重复。**每天跟自己喜欢的人一起，同眠共寝，听他第二十八次提起童年往事，每年的同一天和他庆祝生日，连吵架也是重复的为了一些琐事吵架。”

时间就在日复一日的重复中悄然流逝，不知不觉我们一起步入了中年，又一起步入了老年。平淡的日子没有让我们彼此淡漠，生活中的磕磕碰碰也没有让我们同床异梦，围城外的种种诱惑，都没能动摇我们彼此守护的心意。过来人所谓的“经得起时间考验的爱情”，也就是如此吧，在一天一天的重复中，变得不可分离。

张小娴说：“当你不愿意重复的时候，那就是爱情消逝而我不再幸福的时候。”

当有一个人对这种重复的生活感到了厌倦，觉得了无生趣，那么即使我们还在一起，每天面对彼此的时候，也等同于行尸走肉了吧。

世上的深情，必须是用时光来体现的。经得起时日考验的爱情，也就经得起平淡的流年。而流年，只是不停地重复而已。

不要害怕重复，不要害怕平淡，当你拥有了这些时，你已经拥有了最深最重的爱，只是你身在局中，或许还未品味到它的深情。

不少人的签名档总是这样一句话：愿得一人心，白首不相离。得一人心，或许不是一件难事。难的是，白首不相离。人的一生，说长并不长，说短，却也不是每一秒都在经历着大喜大悲的。大多数的时光，无非是在为柴米油盐而忙碌。与其说，不能接受一个曾经仰望、倾慕、迷恋的人，吃喝拉撒都看在你眼里，还不如说，接受不了爱情终究有一天变得如此地琐碎，真实，不再那么美好。

爱情和世上的每一件事物一般，有着它的生命规律。它会有萌芽，有生长，有平淡，有衰老，直到死去。白首不相离，无非是，让爱情的生命，如我们自己的生命一样长。但，我们需要接受它会如我们的生命一般，会变得平庸、平淡和老去。但这并不代表它已不再美好。就如40岁的女人，她已经不像20岁的年轻女子，拥有光滑的皮肤，窈窕的身段，但她拥有沉稳的气质，和成熟的风韵。爱情如是，流年逝去，爱情已不再有年轻时的激情和冲动，但却多了一份坚定和沉稳。每天见到另一半，已不再脸红心跳，但却会安静地微微一笑。

张小娴说，**最深最重的爱，是要和时日一起成长的。**不需要海枯石烂的山盟海誓，只需一生一世的默默相守。不需要奢华的烛光晚餐，只需两人一桌的粗茶淡饭。不需要有座别墅，面朝向大海，春暖花开；只需一套能住的房，一页落地窗，一米阳光；不需要鲜艳美丽的玫瑰花，只需一个宽厚可靠的肩膀。这就是爱，平淡却幸福着；这就是爱，简单并快乐着。

爱，五味俱全

一个钱币最美丽的状态，不是静止，而是当它像陀螺一样转动的时候，没人知道，即将转出来的那一面，是快乐或痛苦，是爱还是恨。快乐或痛苦，爱和恨，总是不停纠缠。

——节选自张小娴《一个钱币的两面》

徐志摩说，爱情是一种偶然。

我是天空里的一片云 / 偶尔投影在你的波心 / 你不必惊异 / 更无须欢喜 / 在转瞬间消灭了踪影 / 你我相逢在黑夜的海上 / 你有你的 / 我有我的 / 方向 / 你记得也好 / 最好你忘掉 / 在这交会时互放的光亮。

所谓缘分，也和发明一样吧，都是源于偶然。我们的相遇，就像是一枚正在旋转的硬币，是那么地炫目，但谁都不知道，最终转出来的，是快乐，还是悲伤。但，正是这种偶然，让生命中有了许多我们意想不到的精彩，有了许多未曾想象过的悲、欢、离、别。一个人偶然地闯入了你的生命，你也不经意地成为了他生命中无法忘却的部分。只是，爱情发明跟其他发明不一样，它没有专利权，随时会给人抢走。

爱情是小概率事件，但无论何时何地，一生中总会发生一两次小概率事件。只是不同的是，爱迪生发明了电灯，从此人们的生活中不再有黑暗。而爱情这项发明，却随时会终止。因为它需要两个人共同发明，而它照亮的，也无非是两个人的人生而已。

让生活中有光并不难，也许没有电灯，第二天还是会有太阳。但要爱情这盏灯，一直照亮我们的人生，却需要源源不断地给它增加一些动力了。就如老式的自鸣钟，长期不上发条，就停止不前了。

爱情中的动力，并不是我们爱他的心，而是对幸福的领悟。虽然生活中总有一些事情让我们忍不住去埋怨，假以时日，感情总越积越多的，感情仍然会随着时间生长。所以，很多人最终因忍受不了一个人而分手，但同时她也痛彻心扉。因为，感情与痛苦同在。我们要做的并不是去增加感情，而是，如果避免痛苦。

快乐是什么，痛苦又是什么。一切在于我们对生活、对爱的体会，和对幸福的领悟。

当你了解了，爱是一种从内心发出的关心和照顾，没有华丽的言语，也没有哗众取宠的行动，只有在点点滴滴、一言一行中让你真真切切地感受到那种平实和坚定。你才会明白誓言和诺言终究是虚幻，甜言蜜语只是爱情的调剂，只有朴素的关心才是踏实的依靠，你才懂得了如何选择。

当你领悟了爱是包容而不是放纵，是关怀而不是宠爱，是相互交融而不是貌合神离，然后，你学会了如何去爱。

而只有当你真正体会了爱情给你带来的复杂滋味，你了解了，**爱是五味俱全而不永远是甜蜜**……于是你学会了如何去承受爱情中的伤痕。

如果爱情这项发明可以改良，那么就要学会领悟幸福。

每期都有上亿人观看的相亲节目《非诚勿扰》曾经有一个女孩说："我宁愿坐在宝马车里哭，也不愿意坐在自行车后面笑。"深圳的一个感情栏目《爱情保卫战》曾有一个女孩被男友抛弃后苦苦哀求他回头，在男友抱怨她的公主病时，她哭着说："难道这不是男朋友应该做的吗？我只是再用一个完美男人的标准来要求你，难道我不是为你好吗？"在女孩的苦苦央求下，男孩最终还是牵着她的手走了，可是这样的爱情，即使再次牵手，又能走多久呢？

女人的幸福总是离不开爱情，离不开男人。

但爱情里没有锦衣玉食，也没有荣华富贵；爱情里也没有奴仆，让你予取予求。爱情不过是，相爱而已。两个人一起完成生活中一些细小的生活愿望，一起去吃一顿想吃的美味，一起去看想看的风景。爱情里也没有从天上掉下的馅饼，你还必须要花费很多的心思，去改良你对爱和幸福的理解能力。

张小娴说，年轻的时候，我们会想要谈很多次恋爱，但是随着年龄的增长，终于领悟到**爱一个人，就算用一辈子的时间，还是会嫌不够。**慢慢地去了解这个人，体谅这个人，直到爱上为止，是需要有非常宽大的胸襟才行。

人生只有那么长，幸福是一辈子，不幸也是一辈子，最终我们都会走向同样的结局。张小娴说：爱情，要么让人成熟，要么让人堕落。没有人愿意不幸地过一辈子。费尽心机，为的不过是生活中多一些欢笑，少一些眼泪。**女人的幸福不能与爱情无关，那么只好去改良你的爱情。**

遇一个能随时
陪你聊天的人儿

一个男人的条件再好，他没有时间陪你，也是多余的。爱情是不可以望梅止渴的，拿着照片、抱着回忆，就能度过每一天吗？爱你的话，总是可以挤出一点儿时间的。

——节选自张小娴《没有时间的话，请离开》

一个女孩跟相处三年的男朋友分手了。朋友们都为她惋惜，问原因，她说："他总是没时间陪我。有时候打电话问他在干吗，他说在陪妈妈网购。然后就一整晚不联系，直到第二天中午，才姗姗来迟地发个短信来。本就不常见面了，还总是一天三四个短信了事。他根本就已经不爱我了，何必还勉强在一起？"

女人对爱的嗅觉是很敏感的。或许不同性格的人，表达爱有很多不同的方式。但只要是爱，女人一定感受得到。**当你感受不到一个人的爱，别再怀疑，他就是不爱你了。**

"忙"，是一个似乎没什么缺陷，但却是最伤人的一个借口。因为这个理由无懈可击，但又是那么明显地冷漠和不诚实。

张小娴说："爱情不是这样的。当你一旦爱上一个人，你上班的时候已经想着下班了。想见你是很自然的欲望，如果你爱我的话，你总是可以挤出一点儿时间的。没法挤出时间，是你已经做出了抉择。"（张小娴《张小娴文集》）

多么通透的话语。别再以"忙"为借口，虽然那会把我拒绝得很干脆，让我没办法再缠着你，但，这么做是多么虚伪啊。我宁愿你告诉我，感觉已经不在了。**如果不能给我真爱，至少让我自由。**

男人是需要陪的，女人是需要养的，男人和女人在一起就是为了培养感情。谈感情犹如拉锯，你拉过来，我推过去，如此一拉一推，才有乐趣可言，若一方只是一味地拉，另一方只是一味地推，只能成无言结局。

曾经看过一个节目，一对曾经相恋的年轻人，因为男人自以为是的责任感，把女朋友一个人丢下去了美国，走的时候只是说："我会让你幸福的，等我！"三年过去了，他到他曾经向往过的爱情城市，却没有想到他不仅见到了他可爱的女朋友，而且见到了一个陌生而又稚嫩的年轻人。和他比起来，年轻人少了几分成熟和干练，可对方的手却牵着他曾经深爱着的女朋友，多年来美好的憧憬都在此刻破灭了。他不明白这是为什么？也不知道应该怎么做？他只是默默地让他心爱的女人做出选择！在主持人的娓娓道来之后，是女主角艰难地抉择。一个是他的初恋爱人，为了他们的美好生活，不远万里去寻找商机来给她幸福的男人；一个是陪伴在她身边，一直用心来呵护她关心她的大学同学。一个女人，两个深爱她的男人，如果是你，你会怎么选择呢？经过三秒钟沉重地等待，她选择了那个一直陪在她身边的男人。

爱情是脆弱的，它需要相爱的人精心呵护。张小娴说，你忙，忘了我需要人陪。你忙，忘了我会寂寞。你忙，忘了我在等你电话。你忙，忘了你对我的承诺。我想告诉你，“爱情”不是等你有空才来珍惜的。

爱情里如果没有陪伴，那么还是放弃吧。

《艺术人生》有一次访谈，朱军问一直单身的演员王志文：“40了怎么还不结婚？”王志文说：“没遇到合适的。”朱军问：“你到底想找个什么样的女孩？”王志文想了想，很认真地说：“就想找个能随时随地聊天儿的。”

“这还不容易？”朱军笑。

“不容易。”王志文说，“比如你半夜里想到什么了，你叫她，她就会说：几点了？多困啊，明天再说吧。你立刻就没有兴趣了。有些话，有些时候，对有些人，你想一想，就不想说了。找到一个你想跟她说，能跟她说的人，不容易。”

能到白首的爱情，不过是，有一个能随时陪你聊天儿的人。没有束缚、没有痴缠，也不需要占有，不渴望从对方身上挖掘任何关于爱的痕迹和意义。那些总会被遗忘在时光里。爱情应该是，各自做着自己的事情，你看你的书，我看我的电影，有一搭没一搭地说着话，到了吃饭的时候一起去找一家喜欢的餐厅，平平淡淡地吃顿饭而已。

一段成熟、能到白头的爱情，是需要付出时间和青春去等待它开花结果的。年轻时，我们会挣扎，会吵闹，会煲电话粥到睡着，会拖着手大半夜地去喝咖啡。**但我们都会老去，那时我们需要的爱情，只是安静的陪伴。**两个人一起聊聊天儿，一起看看风景，一起尝够这人间的寂寞与温暖，一辈子就这么一起走过去了。

无论天涯海角，此生终将相伴

你的心就是我的海角和天涯，我不能去得更远。我们此生共赴天涯海角，不是游走半个地球，而是人间相伴。

——节选自张小娴《拥抱》

有一句话说，**女人一旦遇上了一个好男人，她就永远都不需要变成熟。**永远都可以不长大，在疼她的那个男人面前尽情地做个小女孩，撒娇耍赖，什么他都照单全收。张小娴说：世界再广阔，也比不上在一个男人的心里徜徉。**男人的心有多大，女人的天空就有多宽。**

只是在这宽阔的天空随心所欲地撒野撒惯了，却也生出了一些不满足，和不安分出来。

过去，一些死了丈夫长年不改嫁，或自杀殉葬的女人，社会还为她们兴建贞节牌坊，弘扬她们对老公从一而终的忠贞。那看似荣耀的门楼下，不是埋葬了一个鲜活的生命，就是葬送了一个女子数十年的美丽青春。何苦。

张小娴说，小的时候，常常听见爸爸说："食君之禄，担君之忧。”而现在，社会上已经没有忠心不二的员工了。那个年代，已经远远一去不回了。

张小娴说：“现在的女子忠于自己。事业如是，爱情也如是。就如古代女子是忠心的，她们是对一个人尽忠；而**现代女子，是忠于爱情。忠于自己的感觉，忠于自己的人生。**”（张小娴《禁果之味》）

如今的女子，有充分的自由，遂自己的心意，选择一个愿意与她共度一生的人。以前，由父母替我们选择老公，这是旧时父母的责任。而如今，这件事情成为了女孩子一生中，最需要完成，和最难完成的任务。

我们和很多人谈恋爱，但目的，也只是想找找一个可以在他的怀里任意撒野的人。我们都明白，只有一个人最终会成为你的老公，而你的下半生只能和一个男人一起度过。既然如此，必须要找一个能够最大限度容忍自己，能够保留最多自由本性的一个男人。

《男人来自火星女人来自金星》这本书里说，男人有一个洞穴。当他沮丧、当他受伤、当他疲倦、当他遭遇挫败的时候，他不想说话，也不想要安慰，只想躲在那个洞穴里，一个人发发呆就好。其实女人何尝不需要这么一个空间?

张小娴说：“女人的洞穴，便是所爱的人的臂弯。”

女人穷其一生，不过是寻觅这么一双臂弯罢了。最终我们留在一个人身边，是因为终于找到了属于自己的爱情。

张小娴说，为别人效忠，是背叛自己。

人要忠于自己，但是有时候我们搞不清要忠于自己的哪一部分。是忠于自己的爱，忠于自己的感觉，还是忠于自己的欲望？

有些女人结婚后往往陷入了一个烦恼：一边爱着自己的老公，一边却被新认识的一个男人吸引……

热恋的时候，眼里根本容不下别人，全世界就只剩下我和他两个人。但日子久了。就如在天空飞翔的鸟儿，对天空的存在，却不那么敏感了，甚至有些厌倦了。

张小娴说，有时候，我们会后悔开始，如果没有开始，我们也许永远可以回味当天那种互相探听、互相猜测的兴奋。假如没有和你开始，我会不会有另外的际遇？假如没有和你结婚，会有什么结果？

当一些新鲜的诱惑出现时，我们有时候会抱着侥幸的心理，渴望去品尝一下那新鲜滋味。但无论是否去品尝了，**最后还是会发觉，这世界，只有一个人的手臂，才是永远的守候；只有他的怀抱，才是天高任鸟飞。**

有时候野花不一定是件坏事。TA 会让你明白，如果时光倒流，我还是宁愿跟那个人开始，因为我更想知道和他相守一生的滋味。也会让你更加坚定，此生天涯海角，有我相伴的决心。